湖 南 省 节 约 用 水 教 育 普 法 工 程

节约用水教育知识读物

湖南省节约用水办公室
湖南水利水电职业技术学院 编著

黄河水利出版社

·郑 州·

内 容 提 要

湖南省是水利大省，"水多、水少、水脏、水浑"等问题在省内各个地区都有不同程度的存在。虽然湖南属南方丰水地区，但"要不要节水，谁来节水，怎么节水"这些问题在社会不同层面都存在模糊认识。为此，湖南省节约用水办公室和湖南水利水电职业技术学院联合编著了本书，以向社会公众普及水资源和节约用水的科学知识。本书内容分为水的认知、水与社会、节水行动三篇，围绕水资源的有限性、脆弱性、不可替代性，从政府、市场、社会公众和个体等不同层面上，系统地回答了"为什么要节水，谁来节水，怎么节水"三个问题。

本书图文并茂、语言生动、文字简练、内容深入浅出，不仅可作为湖南省节水科普阅读材料，还可作为中小学生开展素质教育的课外辅助阅读材料，同时可供水利行业人员节水培训参考。

图书在版编目（CIP）数据

节约用水教育知识读物 / 湖南省节约用水办公室，湖南水利水电职业技术学院编著 . —郑州：黄河水利出版社，2021.3 （2023.9 重印）

ISBN 978-7-5509-2939-5

Ⅰ . ①节… Ⅱ . ①湖… ②湖… Ⅲ . ①节约用水—普及读物 Ⅳ . ① TU991.64-49

中国版本图书馆 CIP 数据核字（2021）第 042028 号

组稿编辑：王路平　　电话：0371-66022212　　E-mail：hhslwlp@126.com
　　　　　田丽萍　　　　　66025553　　　　　　912810592@qq.com

出 版 社：黄河水利出版社　　　　　　　　　网址：www.yrcp.com
　　　　　地址：河南省郑州市顺河路黄委会综合楼 14 层　邮编：450003
发行单位：黄河水利出版社
　　　　　发行部电话：0371 - 66026940、66020550、66028024、66022620（传真）
　　　　　E-mail：hhslcbs@126.com
承印单位：河南承创印务有限公司
开本：787 mm×1 092 mm　1/16
印张：9
字数：150 千字　　　　　　　　　　　　　印数：2 501—3 500
版次：2021 年 3 月第 1 版　　　　　　　　印次：2023 年 9 月第 2 次印刷

定价：45.00 元

《节约用水教育知识读物》

编写委员会

审　　定：颜学毛

审　　核：杨诗君　钟建宁　周柏林

主　　编：尹黎明　刘华平　李付亮

副 主 编：吕石生　潘永红

编著人员：刘华平　邓枝柳　刘哲红　闫　冬　董洁平

　　　　　胡红亮　顾春慧　耿胜慧　周璐露　宋　莹

　　　　　夏小伟　苏　亮　罗恩华　吕清华　王勇泽

　　　　　李　芳　杨雅涵　石　锦

绘　　画：王　珂

主编单位：湖南省节约用水办公室

　　　　　湖南水利水电职业技术学院

我国是一个传统的严重缺水国家，人均水资源量仅为世界平均水平的1/4。节约用水关乎国计民生，事关长远发展。习近平总书记高度重视节水工作，提出"节水优先、空间均衡、系统治理、两手发力"的十六字治水思路，并多次就节水工作发表重要讲话、作出重要指示：要"以水定城、以水定地、以水定人、以水定产"，把水资源作为经济社会发展的最大刚性约束；要量水而行，节水为重，坚决抑制不合理用水需求，推动用水方式由粗放低效向节约集约转变；要坚持先节水后调水，深化水质保护，推行节约用水；等等。这为节约用水提供了根本遵循和科学指南。

湖南省水资源总量相对丰沛，人均水资源量约 2 500 m³，略高于全国人均水平；但水资源时空分配不均、水资源承载能力不强、农业用水保证率不高，水资源短缺、水环境污染、水生态破坏等问题均不同程度存在。今后，高质量的发展必然是资源节约集约利用的可持续发展，一定是以水定需、量水而行的发展，必须始终坚持节水优先方针，构建蓄—供—输—用—排等涉水环节全链条节水管理体系，健全节水标准体系，培育发展节水产业，广泛开展节水宣传教育，积极构建多元节水的治理体系，确保水资源科学配置、全面节约、永续利用。

节水工作涉及社会经济生活和生产的各个方面，除各级政府加强管理，还需各行业、企业、社会公众、学校、社会组织等全方位参与。为普及节约用水的科学知识，解决南方丰水区"为什么要节水，谁来节水，怎么节水"三个关键问题，湖南省节约用水办公室和湖南水利水电职业技术学院联合编著本书。本书围绕节水问题主线，按知识性与趣味性相结合的原则开展编写，内容涉及水的自然属性、社会属性和节水行动三个方面，阐述了水资源的稀缺性、水环境的脆弱性，介绍了"政府主导、市场调控、公众参与、行业发力"等节水型社会建设知识。读物知识点多、案例丰富，反映了湖南省近年来节水工作的主要成效和工作亮点，对于深化节水宣传、完善节水政策和制度、推进节水管理和节水型社会建设将产生积极的作用。

湖南省水利厅党组书记、厅长　颜学毛

2021 年 2 月

前言

党的十九大对"实施国家节水行动"作出重要部署。2019年4月，中央全面深化改革委员会审议通过《国家节水行动方案》，明确要求"提升节水意识，加强国情、水情教育，逐步将节水纳入国家宣传、国民素质教育和中小学教育活动，向全民普及节水知识"。为此，水利部党组高度重视节水工作，时任水利部部长鄂竟平多次召开专题会议研究节水工作，并指出"节水工作70%是宣传都不为过"，强调要持续加大节水宣传工作力度。由于节水工作的公共属性和社会属性，节水工作既要做又要说，特别要从娃娃抓起，引导其养成节水习惯。

本书旨在面向广大的中小学生、社会公众进行节水科普。从水的重要性、水的特性、水的分布说起，一层层拨开面纱，解读水与生命、水与生产、水与生态环境密不可分的关系。从水的自然属性和社会属性两个层面，以科学的态度深入浅出地阐释了"为什么要节水，谁来节水，怎么节水"三个问题。第一篇用简明生动的案例回答了为什么南方丰水地区也要节水。第二篇从水与生命、水与生产、水与生态三者之间的关系，进一步阐述"为什么要节水"这一问题。第三篇主要从每一个公民的角度介绍了节水的具体做法。

本读本由湖南省节约用水办公室和湖南水利水电职业技术学院联合编著。尹黎明、刘华平和李付亮任主编，吕石生、潘永红任副主编。第一篇由刘华平、胡红亮、耿胜慧、邓枝柳、刘哲红负责编写，第二篇由顾春慧、宋莹、董洁平、吕清华、苏亮负责编写，第三篇由周璐露、胡红亮、闫冬、罗恩华、王勇泽负责编写，杨雅涵、夏小伟负责本书图片收集和整理。全书由刘华平、胡红亮统稿。

在本书编写过程中，得到了湖南省水利厅水资源处、湖南省水资源中心、湖南省水文水资源勘测中心、湖南省水利水电勘测设计研究总院和湖南省水利水电科学研究院等单位的悉心指导和大力帮助，很多专家和学者提出了宝贵意见，编者还参考借鉴和引用了大量国内外有关教材、专著、论文、标准和法律法规等资料，在此深表谢意！书中插图部分为原创，还有部分图片来自网络，由于种种原因无法标明作者及来源，在此向作者表达歉意，同时由衷的表示感谢！

由于读物涉及知识面广，编者水平有限，书中的缺点和错误在所难免，恳请广大读者提出宝贵意见。

编 者

2021 年 2 月

目 录

第三篇　节水行动

第一篇　水的认知

　　"上善若水，水善利万物而不争""君子之交淡如水"……在我国先哲们的眼中，水是一种神圣而纯洁的存在。从现代科学的角度，如何认识水呢？水的特性、种类和作用有哪些？它在全球和中国的分布情况如何？它在自然界是如何循环更替的？为什么说水是一种有限的自然资源？在本篇中，我们将结合湖南省水资源情况和你一起来认识水的自然属性。

1.1 水是什么?

水,常温下无色、无味、无臭、透明,是自然界最常见的液体,每天都与我们打交道。在我国仰韶文化出土的文物彩陶上,早已有"水"的象形图案。中国古代哲学思想中有"五行"学说,宇宙间的万事万物,根据其特征可系统地分成"金""木""水""火""土"五大类,认为水是万物起源不可或缺的部分。

  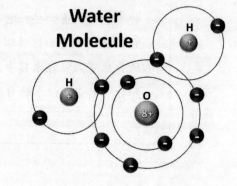

古代象形文字"水"   现代科学测定的水分子结构

对水的认识,人类经历了一个相当漫长的历程。1784 年,英国科学家测定水的分子式是 H_2O。1908 年,法国物理学家佩林因为计算出水分子的大小,从而获得了 1926 年的诺贝尔物理学奖。现代科学也证明水是构成生命体的基本物质,也印证了水是生命之源。

从现代科学的角度来说,水是最好的溶剂,各种化学物质都能不同程度地溶于水,很多常见气体也可以溶解在水中,如氢气、氧气、氮气、二氧化碳、惰性气体等。此外,天然水体中还有许多微生物、藻类和无机盐。

在标准大气压下(101.325 kPa),纯水在 100 ℃沸腾,0 ℃便结冰。水可以呈现固态、液态和气态,是在天然状态下三态共存的唯一物质。更为奇特的是,水是唯一的固态比液态轻的物质。大多数物体都是热胀冷缩,但是水却是热胀冷也胀。一般情况下,4 ℃时水的密度最大。

水是热的良好载体，水的比热和汽化热在液体中是最高的，这就导致水升温慢、降温也慢。

气态的水

固态的水

知识拓展1：水家族的成员

水可呈现固、液、气三态，在不同的环境条件下，每一种形态还有不同的表现形式。如果把每一种表现形式当做一个水家族成员的话，水家族也是一个大家庭。水的家族成员见表1-1。

表1-1　水的三态的表现形式

固态	雪	云中的温度过低，云中的小水滴结成冰晶，落至地面便是片片雪花
	霜	空气中的小水滴遇冷凝固成碎冰状的结晶
	冰	水温度降到0 ℃以下，则会凝结成固态的冰
液态	云	水蒸气上升到高空遇冷凝结成小水滴飘浮在高空，这些看得到的小水滴就是云
	雨	大多数飘浮在空中的小水滴合并变成大水滴，最后落到地面，就成为雨
	露	空气中的水蒸气遇冷凝结成小水滴，附着在物体上形成露珠
	雾	空气中的水蒸气遇冷凝结成小水滴，接近地面时形成雾
气态	水蒸气	水遇热蒸发形成气态的水蒸气

1.2　水的种类

水的种类有多种划分方式，根据含盐量的大小，可划分为咸水与淡水；

根据储存位置不同，可划分为地表水与地下水；根据硬度的差异，可划分为软水与硬水；根据相对分子质量的差异，可划分为轻水与重水；就连我们日常买到的饮用水也可以分为矿泉水、纯净水和矿物质水等。

1.2.1 淡水与咸水

淡水是指含盐量小于 500 mg/L 的水，人们通常饮用的水都是淡水。咸水与淡水是相对的，溶解有较多氯化钠和其他盐类，含有大量盐分，味道通常又苦又咸。地球上的水绝大部分是咸水，咸水中最多的是海洋水，其次是一些咸水湖湖水（如死海、青海湖等），咸水不能直接饮用。随着地球人口增多，淡水资源危机日益突出，目前人们正在研究如何利用高科技降低咸水盐度以供人类利用（俗称海水淡化）。

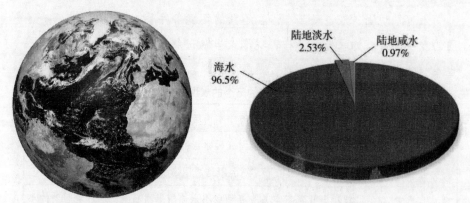

地球上咸水与淡水分布

知识拓展2：你知道我国有哪些咸水湖和淡水湖吗

我国的咸水湖与淡水湖情况具体见表1-2、表1-3。

表1-2 我国主要咸水湖特征（按水面面积前五名）

序号	湖名	水面面积（km²）	最大水深（m）	储水量（亿m³）	所在地
1	青海湖	4 635.0	28.7	854.4	青海省
2	呼伦湖	2 315.0	8.0	131.3	内蒙古自治区
3	纳木错	1 940.0	35.0	768.0	西藏自治区
4	奇林错	1 640.0	33.0	492.0	西藏自治区
5	艾比湖	1 070.0			新疆维吾尔自治区

青海湖

表1-3 我国主要淡水湖特征（按水面面积前五名）

序号	湖名	水面面积（km²）	最大水深（m）	储水量（亿m³）	所在地
1	兴凯湖	4 380.0		27.1	吉林省，中俄界湖
2	鄱阳湖	3 583.0	16.0	248.0	江西省
3	洞庭湖	2 691.7	20.8	178.0	湖南省
4	太湖	2 420.0	4.8	48.7	江苏省、浙江省、上海市
5	洪泽湖	2 069.0	5.5	31.3	江苏省

注：通常按照储水量的多少来确定湖泊的大小，所以说鄱阳湖是我国第一大淡水湖。

洞庭湖   鄱阳湖

1.2.2 地表水与地下水

地表水是存在于陆地表面的水，通常指江河、湖泊、沼泽与湿地中的水等。由于与人类活动联系紧密，地表水极易受到工业及生活污水排放的影响，同时还存在一些易传染的细菌病毒，所以一般的地表水不能直接饮用，必须经过复杂的净化过程才能饮用。

地下水是储存于地表以下的浅层潜水和深层承压水。我国南方地区居民水井一般取用的是浅层潜水，以泉水形式出露地表的地下水通常为承压水。深层地下水经开采也可以被人类利用，如我国北方地区，常采用深层地下水，但不能超过其可开采量。

地表水　　　　　　　　　　　　　济南"趵突泉"

1.2.3 软水与硬水

天然的地表水和地下水，往往含有从地层中溶解出来的主要成分为钙和镁的无机盐，具体体现在水的硬度上。按美国 WQA（水质量协会）标准，水的硬度分为 6 级：0～0.5 GPG（格令，硬度单位）为软水，0.5～3.5 GPG 为微硬，3.5～7.0 GPG 为中硬，7～10.5 GPG 为硬水，10.5～14.0 GPG 为很硬，14.0 GPG 以上为极硬。

一般情况下，软水是指硬度低于 8 度的水（见表 1-4）。我国饮用水的水质标准规定，饮用水的硬度不得超过 25 度，如果大于 25 度，会引起机体内无机盐代谢紊乱，从而影响健康。一般饮用水中水的硬度不足以对健康产生影响，饮用水的最理想硬度为轻度硬水和中度硬水，这种水味道较好。人体对水的硬度有一定的适应性，只有临时改用不同硬度的水（特别是高硬度的水）才会引起胃肠功能的暂时性紊乱，但一般在短期内就能恢复正常。如南方人刚去北方容易出现腹胀等现象，这就是常说的"水土不服"，适应一段时间腹胀便消失了。

表1-4　软水和硬水（根据水质的不同）

类别		区分标准
软水		硬度低于8度（不会或较少含有钙镁化合物）
硬水	永久性硬水	虽经煮沸，水中含有钙、镁的硫酸盐和氯化钠也不会发生沉淀，水质不能变成软水的水

类别		区分标准
硬水	暂时性硬水	经煮沸后，水中的硫酸钙发生沉淀（形成"水垢"），释放出二氧化碳，水质能变成软水的水

水硬度大的危害主要体现在工业生产中。如果水硬度大，管道中的钙、镁等矿物质容易沉淀，造成水管、锅炉等设备阻塞，设备维护的费用日益增加。

家用水壶中的水垢　　　　　　　　工业管道中的水垢

1.2.4　轻水与重水

普通的水（H_2O），也被称为轻水，是地球上最轻的水。除了轻水，还有重水。重水的一个分子是由两个重氢原子（氘）和一个氧原子组成的，其分子式为D_2O，重水分子的相对分子质量比一般水要高出约11%。重水在外观上和普通水相似，只是密度略大，凝固点、沸点略高，重水参与化学反应的速率比普通水缓慢。轻水与重水具体物理特性见表1-5。

表1-5　轻水与重水物理特性

项目	轻水	重水
化学式	H_2O	D_2O
密度（g/mL）（标准大气压，25 ℃）	1	1.107
相对分子质量	18.015 3	20.027 5
凝固点（标准大气压）（℃）	0	3.79
沸点（标准大气压）（℃）	100	101.4

在自然界中，重水的含量很少，与轻水共存。普通水能够滋养生命，培育万物，而重水由于分子量大，运动速度慢，则对生物有不利影响。重水会抑制种子发芽，人和动物若是喝了重水，还会引起死亡。不过，重水的特殊

价值体现在原子能技术应用中，制造威力巨大的核武器就需要重水来作为原子核裂变反应中的减速剂，重水也可作为制重氢的材料。所以，重水价格比黄金还贵。

1.2.5 矿泉水、饮用纯净水和矿物质水

市场上饮用水品类

目前市场上饮用水种类繁多，有纯净水、矿泉水、矿物质水和各种概念性饮料等。常见饮用水类型及比较见表1-6。

表1-6 常见饮用水类型

类型	矿泉水	饮用纯净水	矿物质水
定义	矿泉水是一种矿产资源，是在地层深部循环形成、从地下深处自然涌出的或经人工揭露、未受污染的地下矿水	饮用纯净水是指对自来水深度处理后彻底去除了污染物，改善了感官指标，同时也基本去除了人体必需的微量元素和矿物质，可直接饮用的水	矿物质水一般是以城市自来水为原水，经过纯净化加工，添加矿物质，杀菌处理后灌装而成的水
特征	含有一定量的矿物盐、微量元素或二氧化碳气体	去除了水中的矿物质、有机成分、有害物质，口感上甘甜醇和，生理上溶解力、渗透力、代谢力、扩散力更强	在纯净水的基础上添加了矿物质类食品添加剂

知识拓展3：我们该喝什么水

如今市场上各种纯净水、矿泉水和饮料的名称五花八门，广告宣传更是诱人，那么人们究竟该选择什么水来喝呢？什么才是最健康的饮料呢？

其实从健康的角度来看，白开水才是最好的饮料，它不含卡路里，不用消化就能为人体直接吸收利用，一般喝30℃左右的温开水最好，这样

不会过于刺激胃肠道的蠕动，不易造成血管收缩。

含糖饮料会减慢胃肠道吸收水分的速度，长期大量饮用，对人体的新陈代谢会产生一定不良影响。虽然橙汁、可乐等含糖饮料口感好，但不宜多喝，每天摄入量应控制在1杯

白开水

左右，最多不要超过 200 mL，避免人体摄取过多的糖分。而对于糖尿病患者和比较肥胖的人来说，则最好不要喝含糖饮料。

纯净水和矿泉水等桶装水由于饮用方便深受现代人青睐，但是喝这些水时一定要保证其卫生条件，饮水机需要定期消毒清洗，一桶水最好在一个月内喝完，而且人们不应把纯净水作为主要饮用水。因为水是人体的六大营养素之一，水中含有多种对人体有益的矿物质和微量元素，而纯净水中的这些物质含量大大降低，如果平时人们饮食中的营养结构又不均衡，就很容易导致营养失调。

有的人担心自来水硬度太大会不利于身体健康，其实，水的硬度对人体健康基本没有影响，而且现在国内的自来水都符合生活饮用水的标准，饮用煮沸后的自来水是安全的。

1.3 水的分布

1.3.1 地球上水的分布

你知道全世界淡水储量有多少吗？地球上水的总量约为 13.8 亿 km³。海洋水是水圈的主体，约占总储量的 97%；陆地水（河湖水、冰川水、土壤水、地下水）约占总储量的 3%，其中淡水只占总水量的 2.5%（约 0.345 亿 km³），且主要分布在南北两极的冰雪中。

节约用水 教育知识读物

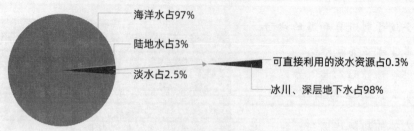

海洋水占97%

陆地水占3%

淡水占2.5%

可直接利用的淡水资源占0.3%

冰川、深层地下水占98%

地球上水的分布

目前可以直接被人类、动物和植物利用的只有地下淡水、湖泊淡水和河流水，三者的总和约占地球总水量的0.77%，除去难以利用的深层地下水，人类实际能够利用的水只占地球上总水量的0.3%左右。所以说，地球上可以被人类开发利用的水资源是非常有限的。

1.3.2 中国的水资源分布

我国属于季风气候，水资源时空分布不均匀，南北自然环境差异大，水土组合不平衡。我国的水量和径流深的分布总趋势是由东南沿海向西北内陆递减，并且与人口、耕地的分布不相适应。约80%的水资源集中分布在长江及其以南地区，而该地区耕地面积仅占全国的36%；淮河及其以北地区耕地面积占全国的64%，但水资源分布却不到20%。我国降水及河川径流的年内分配集中，年际变化大，连丰连枯年份比较突出。我国主要河流都出现过连续多年来水较丰或来水较枯现象。例如黄河在过去几十年中曾出现过连续9年（1943～1951年）的丰水期；在近几十年内也曾出现过连续28年（1972～1999年）的枯水期，其中断流21年。降水量和径流量在时间上的剧烈变化，给淡水资源的利用带来困难，特别是城市人口剧增，生态环境恶化，工农业用水技术落后，浪费严重，水源污染，更使原本匮乏的水资源"雪上加霜"，从而成为制约国家经济建设发展的瓶颈。全国600多个城市中，已有400多个城市存在供水不足问题，其中比较严重的缺水城市达110个，全国城市缺水总量约为60亿m³。

我国部分重要河流出现连续多年少水的情况，见表1-7。另外，我国水资源时空分布特点及影响见表1-8。

表1-7　我国部分河流连续多年少水情况统计

流域	控制断面	年份	连续少水年数（年）	平均流量与多年均值比（%）
黄河	陕县	1922～1932	11	69.9

续表

流域	控制断面	年份	连续少水年数（年）	平均流量与多年均值比（%）
长江	汉口	1955～1966	12	91.1
沅江	五强溪	1955～1966	12	86
新安江	新安江	1956～1968	13	78.4
淮河	蚌埠	1970～1979	10	89.2

表1-8　我国水资源时空分布特点及影响

水资源时空分布特点				影响
	地区	长江及其以南地区	淮河及其以北地区	水土资源分布不合理导致淡水资源利用困难，缺水城市多
水资源空间分布不均	水资源分布特点	多，约占全国水资源量的80%	少，约占全国水资源量的20%	
	耕地面积分布特点	少，约占全国耕地面积的36%	多，约占全国耕地面积的64%	
水资源时间分布不均	季节特点	夏秋季多，春冬季少	夏季风影响降水多河流丰水期，冬季风影响降水少河流枯水期	连丰连枯年份比较突出，旱涝频发
	年际特点	降水及河川径流的年内分配集中，年际变化大	夏季风活动异常，连续多年丰水期或枯水期	

1.3.2.1　地表水资源

地表水（surface water）是存在于地壳表面，暴露于大气中的水，是河流、冰川、湖泊、沼泽四种水体的总称，亦称"陆地水"。地表水是人类生活用水的重要来源之一，也是各国水资源的主要组成部分。

地表水资源

节约用水 教育知识读物

知识拓展4：我国河流知多少

我国大小河流的总长度约为 42 万 km，径流总量达 27 115 亿 m³，占全世界径流总量的 5.8%。我国的河流数量虽多，但地区分布却很不均匀，全国径流总量的 96% 都集中在外流流域，面积占全国总面积的 64%，内陆流域仅占 4%，面积占全国总面积的 36%。冬季是我国河川径流枯水季节，夏季则为丰水季节。汛期洪水难以直接利用，需要修建水库进行调节。

我国河流主要分布于东部，流域面积大于 100 km² 的河流有 50 000 多条，流域面积大于 1 000 km² 的河流有 1 500 多条。我国排名前七的大河从北到南依次是：松花江、辽河、海河、黄河、淮河、长江、珠江。

长江干流长 6 300 km，按长度仅次于非洲的尼罗河和南美洲的亚马孙河，居世界第 3 位。黄河干流全长 5 464 km，在世界大河中又次于美国的密西西比河，居世界第 5 位。按流域面积计算，长江在世界大河中居第 12 位，黄河则居第 23 位。若按年径流量计，长江在世界大河中居第 3 位，黄河居第 24 位。

水系图	主要河流（按长度划分）
	长江
	黄河
	珠江
	松花江
	淮河
	海河
	辽河

我国湖泊分布很不均匀，总面积约 74 280 km^2（1 km^2 以上的湖泊有 2 800 余个），主要分布在青藏高原、长江中下游和淮河下游，其中淡水湖泊的面积为 3.6 万 km^2，占总面积的 45% 左右。此外，我国还先后兴建了人工湖泊和各种类型水库共计 8.6 万余座。我国湖泊总储水量约 7 330 亿 m^3，其中淡水储量占 30%。随着人类活动的增加，干旱地区的一些湖泊面临退缩、干涸的危险，经济发达地区的湖泊存在盲目围垦和湖水污染的问题。

沼泽是一种独特的水体，是生长喜湿植物的过湿地区。我国沼泽的分布很广，仅泥炭沼泽和潜育沼泽两类面积即达 11.3 万 km^2，主要分布在东北三江平原、嫩江平原的低洼处以及黄河上游和沿海的一些地带。我国大部分沼泽分布于低平而丰水的地段，土壤潜在肥力高，是我国进一步扩大耕地面积的重要对象。

极地冰川和冰盖难以大量开采利用，但中低纬度的高山冰川则是比较重要的水资源。高山冰川是"固体水库"，储存固态降水，泄放冰雪融水，对河流有补给调节作用，使河流的年径流变化比较稳定。我国的冰川都是山岳冰川，可分为大陆性冰川与海洋性冰川两大类，其中大陆性冰川约占全国冰川面积的 80% 以上。中国冰川分布于西北、西南地区河流的源头，总面积约 56 500 km^2，总储量约 5 万亿 m^3，多年平均冰川融水量 550 亿 m^3。冰川融水是我国西北内陆河的水源之一，具有干旱年多水、湿润年少水的特点，对农业生产十分有利。

1.3.2.2 地下水资源

地下水资源主要是由于大气降水的直接入渗和地表水渗透到地下形成的。因此，一个地区的地下水资源丰富与否，首先和地下水所能获得的补给量与可开采的储存量的多少有关。在雨量充沛且具有适宜地质条件的地方，地下水能获得大量的入渗补给，则地下水资源丰富。干旱地区由于雨量稀少，地下水资源就会相对贫乏。中国西北干旱区的地下水有许多是高山融雪水在山前地带入渗形成的。

据 2019 年《中国水资源公报》，我国地下水资源量为 8 191.5 亿 m^3，地下水与地表水资源不重复量为 1 047.7 亿 m^3。地下水资源的形成，主要来自现代和以前的地质年代的降水入渗和地表水入渗，资源丰富程度与气候、地质条件等有关，利用地下水资源前，必须对其进行水质评价和水量评价。

节约用水 教育知识读物

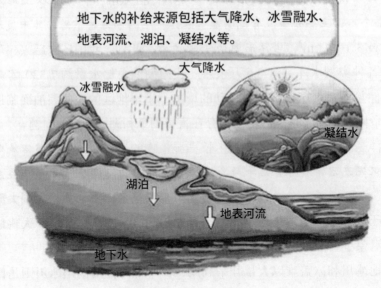

地下水资源形成图

　　我国多年平均淡水资源总量为 28 000 亿 m³，约占全球水资源的 6%，仅次于巴西、俄罗斯、美国、印度尼西亚、加拿大，名列世界第 6 位。2019 年我国水资源公报数据显示，我国的淡水资源总量为 29 041.0 亿 m³，根据当年人口计算，我国的人均水资源量只有 2 074 m³，约为当年世界平均水平的 1/3，在全球人均水资源最贫乏的国家之列。世界部分国家人均占有水资源量见表 1-9。根据多年平均降水量的大小，可将我国分为 5 个水带，各水带分布情况见表 1-10。

表1-9　世界部分国家人均占有水资源量（多年平均情况）

国家	人均占有量（m³）	国家	人均占有量（m³）
加拿大	98 500	巴西	45 900
俄罗斯	29 100	孟加拉国	19 600
印度尼西亚	18 743	澳大利亚	12 700
美国	9 600	日本	4 400
中国	2 074	德国	2 600

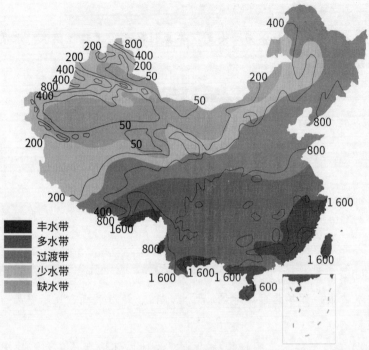

中国水资源分布图

丰水带
多水带
过渡带
少水带
缺水带

表1-10 我国各水带分布情况

水带	年平均降水量（mm）	地区范围	面积（万km²）	占全国（%）
丰水带	1 600以上	广东、福建、台湾、浙江大部，海南，广西、湖南南部，云南南部和西藏南部	81.93	8.6
多水带	800～1 600	长江中下游，云贵川和广西大部	287.64	29.5
过渡带	400～800	华北平原、东北大部、山西大部、陕西大部、甘肃东部、四川北部	161.34	16.9
少水带	200～400	东北西部，内蒙古、宁夏、甘肃大部，新疆西部和北部	95.6	10
缺水带	200以下	内蒙古、宁夏、甘肃部分地区，青海柴达木，新疆塔里木、准噶尔盆地，藏北羌塘	335.43	35

知识拓展5：你知道国际公认的用水紧张线吗

国际公认的用水紧张线为人均水资源量1 700 m³。据查，2013年我国有16个省、自治区、直辖市的人均水资源拥有量低于国际公认的用水紧张线，其中有10个低于严重缺水线（人均500 m³），如北京、天津、河北、山东、河南等。

知识拓展6：我国缺水有哪些类型

我国将水资源短缺分为四大类：资源性缺水、工程性缺水、水质性缺水和管理性缺水。

缺水四大类型

（1）资源性缺水。是指当地水资源总量少，不能适应经济发展的需要，形成供水紧张，如华北京津地区、西北地区、辽河流域、辽东半岛、胶东半岛等。

（2）工程性缺水。是指特殊的地理和地质环境存不住水，缺乏水利设施留不住水。如云南著名的三江（金沙江、澜沧江、怒江）并流地区，滔滔江水奔流不息，但是附近的居民却缺少生活和生产用水，具体原因是居民区、耕地等用水区域与江面的高差大，附近地形又陡峻，修建供水工程的难度大。这就是典型的工程性缺水。

（3）水质性缺水。水质性缺水往往发生在丰水区，是指有可利用的水资源，但这些水资源由于受到各种污染，水质恶化不能使用而导致缺水的现象。例如2007年无锡市因太湖蓝藻暴发而引起自来水水质变化，由于伴有恶臭难闻气味，无法正常饮用和使用。当时无锡常住人口600万，一夜之间没了自来水，尽管政府采取应急预案，调运纯净水等，但无锡每桶纯净水价格还是从8元涨到50元，超市各类水和饮料都被抢购一空。这个案例就属于典型的水质性缺水。

（4）管理性缺水。因为配置不当、效率低而造成的缺水。包括空间调配不当，有的地区浪费水，有的地区喝不上水；时间调度不当，水多时浪费，水少时不够用；产业配置不当，高用水、高耗水产业被错误地布局在缺水地区，加剧了缺水地区的用水矛盾。这些都属于管理粗放、浪费或利用效率低造成的缺水。

缺水原因复杂，有时也相互交织。要想保持社会经济的可持续发展，节水增效势在必行。

知识拓展7：2019年我国用水情况

用水可大致分为生活用水、工业用水、农业用水以及人工生态环境补水。每年的用水量都不同。以 2019 年为例，全国水资源总量 29 041.0 亿 m^3，全国供水总量和用水总量均为 6 021.2 亿 m^3。其中，地表水源供水量 4 982.5 亿 m^3，地下水源供水量 934.2 亿 m^3，其他水源供水量 104.5 亿 m^3。生活用水量 871.7 亿 m^3，工业用水量 1 217.6 亿 m^3，农业用水量 3 682.3 亿 m^3，人工生态环境补水量 249.6 亿 m^3。

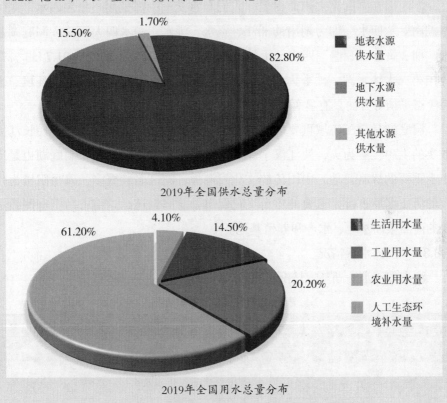

2019年全国供水总量分布

2019年全国用水总量分布

知识拓展8：年用水总量世界排名

按年用水总量统计，用水量最多的前 10 个国家是：中国、美国、印度、巴基斯坦、俄罗斯、日本、乌兹别克斯坦、墨西哥、埃及、意大利。

按人均年用水量统计，用水量最多的前 10 个国家是：土库曼斯坦、伊拉克、乌兹别克斯坦、吉尔吉斯坦、塔基克斯坦、哈萨克斯坦、阿塞拜疆、爱莎尼亚、巴基斯坦、美国。

据《中国统计年鉴》《中国环境统计资料汇编》《中国水资源公报》，1981 年我国城镇人均生活污水排放量为 29.2 t/（人·年），而 1997 年，我国城镇人均生活污水排放量上升为 50.6 t/（人·年）。这说明随着人民生活水平的提高，人均生活用水量日益增加，生活污水排放量也在不断增加。

1.3.3　湖南水资源特点

湖南因在洞庭湖之南而得名，人们日常交流中都爱用"三湘四水"来代指湖南。"四水"即为湖南的湘江、资水、沅水、澧水四大河流。洞庭湖蓄纳"湘、资、沅、澧"四水，承接长江四口分流，湖泊面积 2 691.7 km²，是我国第二大淡水湖，被誉为"长江之肾"，在调蓄洪水、净化水体环境、维持生态平衡等方面具有显著作用。

洞庭湖是长江流域重要的调蓄湖泊，具有强大的蓄洪能力，曾使长江无数次的洪患化险为夷，使江汉平原和武汉三镇得以安全度汛。洞庭湖也是历史上重要的战略要地、中国传统文化发源地，湖区名胜繁多，以岳阳楼为代表的历史名胜古迹是重要的旅游文化资源。洞庭湖还是湖南省乃至全国最重要的商品粮油基地、水产和养殖基地。

1.3.3.1　河流水系情况

湖南省四水一湖基本情况见表 1-11 ～表 1-13。

表1-11　"四水"基本情况

河流名称	发源地	河口地点	河长（km）	流域面积（km²）
湘江	广西临桂县海洋坪龙河界	湘阴县濠河口	856	94 660（省内85 383）
资水	湖南城步县黄马界	益阳县甘溪港	653	28 142
沅水	贵州都匀县云雾山鸡冠岭	常德德山	1 033	89 163
澧水	湖南桑植县杉木界	津市小渡口	388	18 496

表1-12 洞庭湖基本情况

洞庭湖：面积2 691.7 km²、湖盆周长803.2 km、容积220亿m³（天然湖泊容积178 m³，河道容积42 m³）	分区	面积（km²）	主要行政区域
	东洞庭湖	1 327.8	华容县、汨罗市、岳阳市区、岳阳县
	南洞庭湖	920	湘阴县、沅江市
	西洞庭湖	443.9	汉寿县、安乡县、澧县、津市市

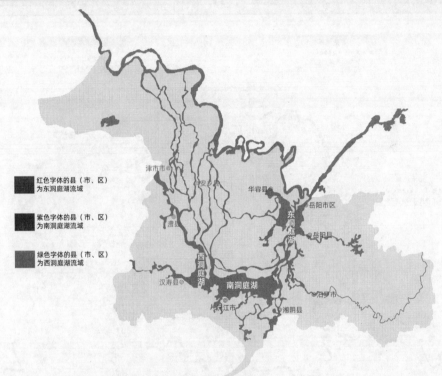

红色字体的县（市、区）为东洞庭湖流域

紫色字体的县（市、区）为南洞庭湖流域

绿色字体的县（市、区）为西洞庭湖流域

洞庭湖区水系图

（图片来源：湖南省水文水资源勘测中心）

表1-13 湘江、沅水主要支流情况（流域面积5 000 km²以上）

干流	支流	流域面积（km²）
湘江	潇水	12 099
	舂陵水	6 623
	耒水	11 783
	洣水	10 305

续表

干流	支流	流域面积（km²）
湘江	绿水	5 675
	涟水	7 155
沅水	潕水	10 334
	酉水	18 530
	渠水	7 155

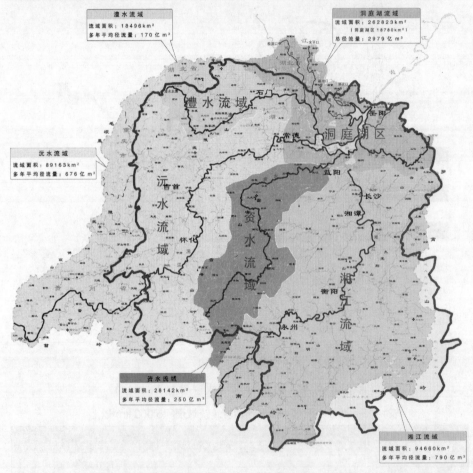

"湘、资、沅、澧"水系图

1.3.3.2 水资源特点与用水构成

    湖南省属大陆性亚热带季风湿润气候，多年平均降水量 1 450 mm，全省多年平均水资源总量 1 689 亿 m³，人均水资源量 2 440 m³，略高于全国人均

2 100 m³的水平，排全国第6位。

2019年湖南省水资源公报

据2019年《湖南省水资源公报》，2019年全省年平均降水量1 498.5 mm，全省降水时空分布不均，汛期（4～9月）降水占全年降水量的66.6%以上，空间分布呈"三高三低"，"三高"是指南岭—罗霄山脉高值区、南岭山脉高值区、雪峰山脉高值区，"三低"是指洞庭湖低值区、湘中部低值区、湘西部低值区。

每年3～4月，湖南省水利厅都会发布上一年全省的水资源开发利用情况，其中用水量是其中的重要内容，从用水的角度体现了国民经济的发展水平。根据2019年《湖南省水资源公报》，2019年全省各部门实际用水总量332.97亿m³，各行业用水量统计见表1-14，用水量占比见比重分布图。

表1-14　2019年湖南省各行业用水量统计

用水行业	农业		工业		居民生活		城镇公共	生态环境
	农林牧渔	牲畜	一般工业	火电	城镇	农村		
用水量（亿m³）	187.62	4.11	51.30	39.49	21.62	10.59	4.46	3.79

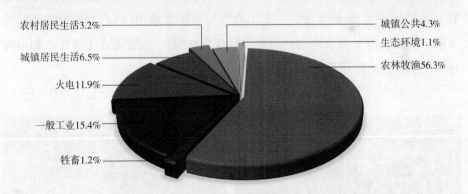

2018年湖南省各行业用水量比重分布图

从上图可以看出，湖南省用水的主要行业为农业（占比57.5%）、工业（占比27.3%）和居民生活用水（占比9.7%）。

近5年，湖南全省年平均用水量330.5亿m³，其中农业用水量平均为195.6亿m³，占总用水量的59%；工业用水量为89.4亿m³，占总用水量的27%；居民生活用水量为30.6亿m³，占比9%；城镇公共用水量为12.1亿

m^3，占比 4%；生态环境用水量为 2.8 亿 m^3，占比 1%。湖南省用水构成见下图。

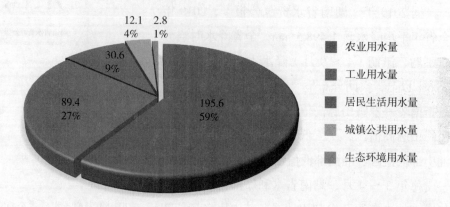

近5年湖南省用水构成（单位：亿 m^3）

　　根据 2020 年 9 月全国节约用水办公室发布的我国用水效率统计分析成果，2019 年，我国万元 GDP 平均用水量为 60.8 m^3，与 2015 年相比下降 23.8%；平均万元工业增加值用水量为 38.4 m^3，与 2015 年相比下降 27.5%；农田灌溉水有效利用系数达到 0.559，与 2015 年相比升高 0.023。

　　根据 2019 年《湖南省水资源公报》，2019 年全省用水总量在 332.97 亿 m^3 以内，其中人均综合用水量 481.29 m^3，较 2015 年下降 1.17%；2019 年全省万元 GDP 用水量 83.8 m^3，万元工业增加值用水量 78.1 m^3，较 2015 年明显下降；全省农业灌溉水有效利用系数提高至 0.535。水资源在工业生产和市政环境用水方面的作用见下图。

洒水车实拍图

火电厂冷却塔实拍图

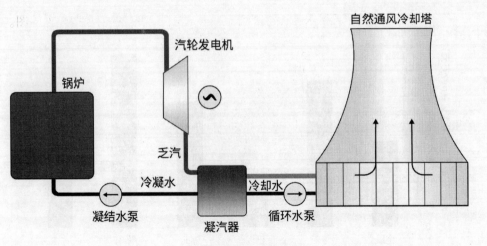

火电厂冷却塔示意图

2015～2020年，湖南省用水效率有明显提升，但低于全国平均水平。与水资源条件接近、经济相对发达的浙江、江苏、广东、湖北等地比较也有较大差距，说明湖南省节水潜力较大。

根据全国节约用水办公室发布的2019年全国主要行业用水效率统计结果，2019年各省主要用水效率指标见下图及表1-15 [分别采用万元国内生产总值（GDP）用水量、农田灌溉水有效利用系数和万元工业增加值用水量代表综合用水效率、农业用水效率和工业用水效率]。

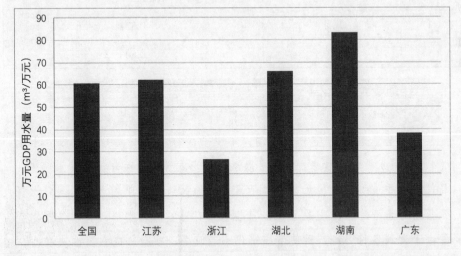

2019年万元GDP用水量比较图

注：国内生产总值用水量每立方米所能创造的财富是衡量一个区域技术经济水平的重要尺度。

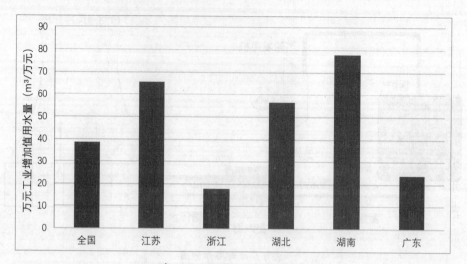

2019年万元工业增加值用水量比较图

表1-15　农田灌溉水有效利用系数

序号	地区	农田灌溉水有效利用系数
1	全国	0.559
2	江苏	0.614
3	浙江	0.6
4	湖南	0.535
5	湖北	0.522
6	广东	0.506

知识拓展9：湖南省水资源总量相对丰沛，为什么还要提倡节约用水呢？

　　湖南省水资源时空分布不均，不少地区存在水资源短缺问题。汛期（4～9月）虽然水量多，但很多以洪水的形式流走，而非汛期降水偏少；局部地区季节性缺水，如衡邵娄干旱走廊地区缺水就比较严重；同时水资源紧缺与水资源浪费现象并存，有些地方有可利用的水资源，但这些水资源由于受到各种污染，致使水质恶化不能使用，就会形成水质性缺水。

　　随着社会的发展，人们对生态环境的要求也随之提高，节水不但能减少水资源的时空分布不均引起的供需矛盾，更意味着减少污水排放，对改善生态环境意义重大。

1.4 水的更替

地球上不同部位的水体分布并不是永恒不变的，而是在太阳辐射和地球引力的作用下不断地循环与更替。在太阳辐射的作用下，海洋和陆地表面的水体通过蒸发作用上升到大气，经水汽输送和冷却凝结，在重力作用下再降落到地球表面；降落到陆地上的水在重力作用下由高处往低处流动最终进入海洋，实现海洋—海洋、陆地—陆地的小循环（内循环）和海陆间的大循环。

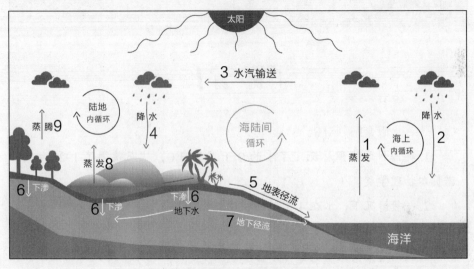

地球上的水循环过程

在水循环过程中，大气中的水汽主要来源于海洋的蒸发。来自海洋的水汽约有15%被大气环流输送到陆地上空，这些水汽形成陆地上降水量的89%，另外11%的陆地降水量来自陆地本身蒸发所产生的水汽。全球每年参加水循环的水量不过是全球水储量的0.04%，即参加水循环的总降水量为57.7万 km^3，而其中只有21%降落在陆地上，陆地上的降水又只有39%成为河流水量。

地球上不同的水体通过水循环不断地循环与更替，但更替的周期差别较大，具体见表1-16。**水体更替周期越长，越不能开发利用**。所以，深层地下水、极地冰川等水体是不能开发利用的。

表1-16　不同水体更替周期

水体种类	更替周期	水体种类	更替周期
永冻带浮冰	10 000年	沼泽	5年
极地冰川	9 700年	土壤水	1年
海洋	2 900年	河川水	16天
高山冰川	1 600年	大气水	8天
深层地下水	1 400年	生物水	12小时
湖泊	17年		

测一测

一、火眼金睛判对错

1. 英国科学家佩林测定了水的分子式是 H_2O，从而获得了 1926 年的诺贝尔物理学奖。（　　　）

2. 一般情况下，水在 4 ℃时的密度最大。（　　　）

3. 湖南人均水资源量在全国排名第四位。（　　　）

4. 湖南省主要用水类型可分为农业用水、工业用水、居民生活用水、城镇公共用水、生态环境用水等，其中工业用水占比较大。（　　　）

5. 与水资源条件接近的我国其他省份相比，湖南省的用水效率水平较高。（　　　）

二、拨开迷雾寻真知

1. 在城市自来水的基础上添加了矿物质类食品添加剂而制成的是（　　　）。

A. 自来水　　　　　　　　　　　B. 矿泉水

C. 蒸馏水　　　　　　　　　　　D. 矿物质水

2. 陆地水是陆地上水体的总称，一般不包括（　　　）。

A. 湖泊水　　　　　　　　　　　B. 海洋水

C. 冰川水 D. 沼泽和地下湖泊水

3. 家用开水壶底常有水垢，这是因为（　　）。

A. 自来水是轻水

B. 水的硬度太高

C. 水中含有重水

D. 水的钙含量太高

4. 在我们的日常生活中，最好的饮用水是（　　）。

A. 纯净水 B. 矿泉水

C. 矿物质水 D. 白开水

5. 水是珍贵的，因为地球上可被人们开发利用的水量仅占地球总水量的（　　）。

A. 2.5% B. 0.77%

C. 0.37% D. 1%

6. 按年降水量的大小，湖南应属于（　　）。

A. 丰水带 B. 多水带

C. 丰水带和多水带 D. 过渡带

7. 我国人均水资源量与世界上人均水资源量最大的国家相比，约为其（　　）。

A. 1/5 B. 1/45 C. 1/22

8. 水体更新周期越短，越利于人类开发利用。因此（　　）是最好开发利用的水体。

A. 土壤水 B. 地表水

C. 大气水 D. 地下水

9. 下列说法正确的是（　　）。

A. 按年径流计，长江在世界大河中居第五位

B. 我国最大的咸水湖是青海湖

C. 洞庭湖号称"八百里洞庭"，是我国最大的淡水湖

10. 我国南方地区主要的缺水类型是（　　）。

A. 资源性缺水 B. 工程性缺水

C. 水质性缺水 D. 管理性缺水

参考答案

一、火眼金晴判对错

1—5. × √ × × ×

二、拨开迷雾寻真知

1—5. D B B D B   6—10. C B B B C

第二篇　水与社会

　　水的特性决定了生存在地球上的我们都离不开它，这就让水有了丰富的社会属性。有人说，水是万物之母、生存之本、文明之源；也有人说，水是生命之源、生产之要、生态之基。不管是何种表述，都说明水与生命、社会生产和生态环境密不可分。

　　水如何孕育生命？一方水土养一方人，中华儿女基因里有没有水的烙印？人类喜逐水而居，城市发展与水有何关系？本篇2.1从个体生命、水文化和城市三个维度探讨水与生命的关系。

水与"三生"

为什么说水是工业的血液、农业的命脉？2.2从社会生产的角度阐释水是生产之要。为什么说水是生态之基？水环境的好坏与人们的生产生活有何关系？2.3从生态环境的角度来认识水的社会属性。

2.1 生命之源

2.1.1 水与生命

水是生命之源，可你知道为什么吗？

（1）水是任何生物体都不可缺少的重要组成部分。一切生物的起源均在水中，物种进化 90% 的时间都是在海洋中进行的。生物登陆后，进化的主要表现又多为减少蒸发和保持体内的水平衡。

原始海洋概念图

（2）一切生物的新陈代谢活动，都必须以水为介质。生物体内营养的运输、废物的排出、激素的传递以及生命赖以生存的各种生物化学过程，都必须在水溶液中才能进行。地球上生物体的含水量一般为 60% ～ 80%，植物体平均含水 40% ～ 60%，有些生物甚至可达 90% 以上（如水母、蝌蚪）。

水母

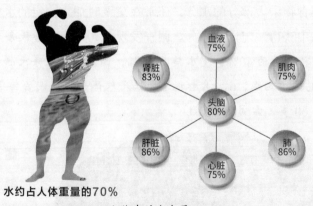

水约占人体重量的70%

人体中的水含量

（3）**水是人体内含量最多的物质，约占人体重量的70%**。水是人体器官的主要成分，人体血液中所含水分占75%，水在肌肉中占75%，在心脏中占75%，在肺中占86%，在肾脏中占83%，在肝脏中占86%，在脑中占80%，即使看来很结实的骨头也有20%以上的水。随着年龄的增长，人体水分逐渐减少，皮肤出现皱纹，皮下组织逐渐萎缩。年轻人细胞内水分占42%，老年人则只有30%左右。离开了水，食物不能消化，养料不能输送，废物不能排泄，体温不能调节，人体的一切代谢等为之紊乱。人体如果失去体重10%～20%的水量，生理功能就会停止。人体各组成部分水分含量和人类生命周期含水量见表2-1。

表2-1　人体各组成部分水分含量和人类生命同期含水量

组成部分	脑髓	血液	肌肉	骨骼
水分含量	75%	83%	26%	22%
生命周期	胎儿时期	婴儿	成年人	老年人
水分含量	90%	80%以上	60%～70%	60%以下

人体每日出入水量受气候、劳动和生活习惯等影响波动较大，但人体内水的动态平衡必须保持，否则将引起疾病。人每日排出的水量为：肾脏排尿1 500 mL、皮肤蒸发500 mL、肺呼吸400 mL、粪便排出100 mL，总计约2 500 mL以上，所以我们每天补充的水量应该在2 500 mL以上。

我们每天通过喝水、吃食物和机体内生水这三个途径来获得所需要的水分。喝水包括各种途径所获得的白开水、茶水、饮料等，通过喝水我们可以获得很多水分；我国居民的膳食以植物性食物为主，水果和蔬菜中含有大量的水分；另外，我们常用的烹调方式与西方不同，多以蒸、炖、煮、炒为主，不仅保留了食物中大部分的水分，还常在烹调时加入一定的水。因此，我们可以从食物中获得一定量的水分。调查发现，我国城市居民每天从食物中获得的水分占补水量的40%，喝水接近60%，因此正常人每天除吃饭外还需要喝1 500 mL左右的水，6～8杯水才能满足人体新陈代谢的需要（按此估算，一个人活到60岁，需喝水650 t）。

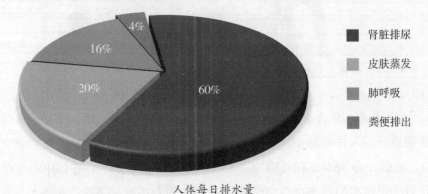

肾脏排尿

皮肤蒸发

肺呼吸

粪便排出

人体每日排水量

（4）植物如果不能及时获得生长需要的水分就会枯萎。

缺水的植物

获得充足水分的植物

知识拓展1：水对人体的影响

缺水对人体的影响见表2-2。

表2-2　缺水对人体的影响

缺水程度	1%～2%	5%	15%	20%	100%
人体感受	渴	口干舌燥，皮肤起皱，意识不清，甚至出现幻觉	甚于严重饥饿	昏厥甚至死亡"黄金救援72小时"	脱水而死

注：生命是由细胞组成的，细胞必须"浸泡于水中"才能得以成活。年轻人细胞内水分占42%，老年人则占33%，所以从一定意义来说，人老的过程就是失去水分的过程。如果失去体重15%～20%的水量，生理功能就会停止，继而死亡。

2.1.2 水与文化

人类文明的提升，不仅表现在物质文明的提升上，而且也表现在精神文明的提升上。"水生民，民生文，文生万象"。人类通过对自然界和自己的认知，在改造自然的活动中，逐步形成水意识、水思维、水精神、水品格、水智慧，进而逐步形成水哲学、水美学、水精神等文明。不同河流养育了不同流域的人民；不同流域的人们，生成了不同特色的流域文化。

（1）黄河文化：黄河流域介于北纬32°～45°，东经96°～119°，南北相差13个纬度，东西跨越23个经度，多年平均输沙量约为16亿t，是世界上含沙量最大的河流。水沙激荡，演绎着黄河文明史；大漠的黄色，高原的黄色，水流的黄色，麦粟的黄色，种族的黄色，赋予中华文明雄浑、沉稳、厚重的内涵。

黄河流域风景图

黄河文化由三秦文化、中原文化和齐鲁文化组成。

三秦文化。在黄河上段，河流与大漠伴行。北流造成13个纬度的跨越，造就农耕文明与游牧文明的碰撞交叉融合，形成三秦文化。粗犷豪放的性格，知足常乐的处事态度，重农轻商的经济传统，务实厚重的民俗文化传统，讲求实际、量入为出、奉行节俭、待人诚实、不讲客套、不慕虚名的民风。

中原文化。在黄河中段，由中州文化、三晋文化共组的中原文化展现出原创性、延续性、创造性、兼容性。河洛文化是该段黄河文化的核心，具有根源性、传承性、厚重性、辐射性等特点。

齐鲁文化。黄河下段，由于黄河泥沙量大，下游河段长期淤积，形成举世闻名的地上悬河，黄河在河口源源不断地造陆，彰显了齐鲁文化的创造性。在华人意识形态领域高居统治地位的儒家学说就诞生于齐鲁大地。

"智者乐水，仁者乐山，智者动，仁者静，智者乐，仁者寿"，这是齐鲁文化的差异。齐文化达于事理而周流无滞,有似于水,属于智者型;鲁文化是大陆文化类型,安于义理而厚重不迁,有似于山,属于仁者型。齐鲁文化的汇合正是仁智的合璧。

世界著名古都西安

开封城

开封府

（2）**长江文化**。长江是世界第三长河,全长 6 387 km,水量也是世界第三。水汽交融揭示长江文明史。"水来则气来,水止则气止。水抱则气全,水汇则气蓄"。蜀文化的"生气",巴文化的"豪气",楚文化的"大气",吴越文化的"灵气",江流气场的浑厚、冲击,汇水的千姿百态,上下天光的一碧万顷,岸芷汀兰的郁郁青青,赋予了长江文明坚韧、灵动、博大的内涵。

如果说黄河流域贡献了以孔子为代表的儒家学派,那么长江流域则贡献了以老子、庄子为代表的道家学派,以及范蠡、屈原等一大批思想家。**中国道教四大圣地（湖北十堰的武当山、江西鹰潭的龙虎山、安徽黄山的齐云山、四川都江堰的青城山）均分布在长江流域。**

蜀文化以成都平原为中心，巴文化起源于清江流域，楚文化以江汉平原为中心，吴越文化以太湖流域为中心。

都江堰

青城山

2.1.3 水与城市

自古以来，人们总是逐水而居。随着城市化进程的推进，越来越多的地方实现了城市化。城市的居民生活、工业生产、环境美化等各个环节都离不开水。

现今，无论你家在城市还是农村，绝大多数家庭都有自来水，一拧开水龙头，就会有自来水流出。我国城市的自来水普及率已经达到了 95% 以上，截至 2019 年，全国农村自来水普及率已经达到了 81%。

我国高度重视农村饮水工程建设

至2018年底建成供水工程……1 100多万处

服务农村人口……9.4亿

全国农村自来水普及率达 81%

2019年进一步加大资金投入，扎实推进农村饮水安全巩固提升工程建设。

到5月底，又解决了28.3万贫困人口的饮水安全问题，提升了1 300多万农村人口供水保障水平。

目标：到2020全面解决6 000万农村人口饮水存在的供水水量不达标、氟超标等问题。

节约用水
教育知识读物

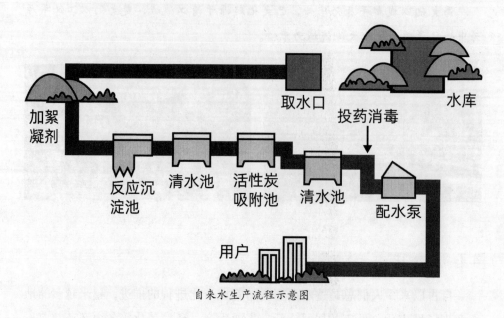

自来水生产流程示意图

　　自来水真的是自来的吗？答案是否定的。自来水的形成凝聚了很多水利、环保和城市建设者的智慧和劳动。

　　江河里的水经过原水厂、自来水厂、输水管网中复杂的净水过程，最终变成可饮用的水，再通过复杂的供水管网才送到千家万户。

　　同样，使用过后的自来水也不是自动流走，而是需要通过专用的污水管道收集，输送到污水处理厂，经处理达到排放标准后才能排入地表水体。这个过程，形成了城市典型的水循环过程，用水量越大，则污水排放量越多。城市典型供排水过程如下图所示。

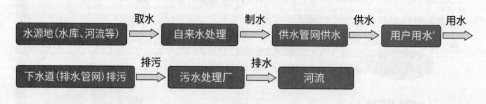

城市典型供排水过程

　　水还有美化环境的作用，中国园林的建筑文化就是借水造景，景因水成。随着社会发展，造景之水，从钟于幽静发展到流泉飞瀑，进而喷泉、水幕，给人以生机勃发、变幻多姿的动感。就整个城市来说，水让环境更美好。

长沙圭塘河

知识拓展2：自来水厂耗水吗？

自来水厂也是用水大户。$100 \ m^3$的原水进入自来水厂，大约最终可以生产出 $95 \ m^3$ 的自来水，另外约 $5 \ m^3$ 的原水在生产过程中因为蒸发或经清洗、加药等各种工艺，在制水过程中被消耗掉了。

自来水厂

知识拓展3：长沙市供排水情况

长沙市六区一县目前日供水能力293 万 t，城区供水普及率95% 以上，供水管网总长 5 100 km，覆盖区域面积 $420 \ km^2$。长沙市现有南湖、洋湖、猴子石、银盆岭、新河、秀峰、廖家祠堂、南托、望城等 13 座水厂；目前，长沙市主城区已建成污水处理厂

长沙市第二水厂取水泵房

12 座，运行 11 座，设计处理规模 226 万 t/d。2018 年上半年日均处理污水 180 万 t。长沙市住建委已陆续启动污水处理厂的新建和提标扩容工程，待所有项目完成后，2020 年全市主城区污水处理能力将达到 250.5 万 t/d，出厂水质基本达到地表水Ⅳ类标准。长沙市污水处理厂和自来水厂情况见表 2-3、表 2-4。

表2-3　长沙市主城区污水处理厂情况

名称	服务面积（km²）	处理能力（万t/d）	排放口	出水水质
敢胜垸水质净化厂	59	一期10		一级A地表水Ⅳ类
长善垸水质净化厂	60.14	36	浏阳河	一级A（提标后地表水Ⅳ类）
暮云水质净化厂	103.94	4（正在扩建）	湘江	一级A地表水Ⅳ类
新港水质净化厂	65.81	5	沙河	一级A
雨花水质净化厂	18.04	6		一级A
花桥水质净化厂	85.93	36（三期29）	浏阳河	一级A
新开铺水质净化厂	22.95	10	圭塘河	一级A
岳麓污水处理厂	108.59	45	湘江、龙湾港	一级A地表水Ⅳ类
金霞污水处理厂	28.1	18	浏阳河	一级A
开福污水处理厂	24.4	30	浏阳河	一级A
望城污水处理厂		12	沩水	地表水Ⅳ类
坪塘污水处理厂		12	洋湖垸	一级A地表水Ⅳ类
星沙污水处理厂		14	捞刀河	一级A地表水Ⅳ类
雷锋水质净化厂	73.93	12.5	龙王港	地表水Ⅳ类
合计		250.5		

表2-4　长沙市自来水厂情况

水厂名称	供水能力（万t/d）	水源地
南湖水厂	20	湘江
洋湖水厂	10	湘江
猴子石水厂	80	湘江
银盆岭水厂	40	湘江
新河水厂	30	株树桥水库、湘江
望城水厂	20	湘江
廖家祠堂水厂	30	株树桥水库
黄花水厂	2	捞刀河
星沙水厂	16	捞刀河
七水厂（南托水厂）	20	湘江
雷锋配水厂	5（配水规模）	湘江
榔梨水厂	15	浏阳河
六水厂（秀峰水厂）	10	株树桥水库

注:2020年,长沙市六区一县总供水规模达到293万t/d（配水规模为5万t/d）。

知识拓展4：污水处理

2020 年 1 月底，全国共有 10 113 个污水处理厂核发了排污许可证。从数量规模来看，1 万～5 万 t/d 规模的污水处理厂占比较多，达 3 147 座，占比 34.2%；5 万 t/d 规模以上占比

污水处理厂

12.9%，共 1 187 座；1 万 t/d 规模以下 4 873 座，占比 52.9%。2019 年底，湖南共有污水处理厂 346 座，城镇污水处理能力 683 万 t/d（2018 年底）。根据总氮、COD、氨氮和 BOD 排放标准，目前我国污水处理厂中约 1.9 亿 t/d 出水标准达到一级 A，占比约 83%。目前达到地表水 Ⅳ 类标准排放的污水处理厂共有 357 座。**据估算，一级 A 以下出水提标至一级 A 以上，每吨水投资达 1 000 元以上。**

截至 2015 年，工业污水处理率达 95%，由于排放标准逐步趋严和成本上升等原因，工业污水处理费用从 2003 年的 1.04 元 /t 上升到 2015 年的 3.54 元 /t。居民生活污水处理费用也逐年提高，北京已达到 1.4 元 /t。

截至 2017 年底，中国供水管道长度达 79.7 万 km，全国排水管道长达 57.7 万 km，全国城市污水处理能力达 1.57 亿 m³/d，全国县城排水管道长达 18.98 万 km，城市污水处理率 94.54%，县城污水处理率 90.21%。全国建制镇

污水处理厂

污水处理率仅为 49.35%。乡村污水处理率 17.19%，通过污水处理厂进行集中处理的比率只有 8.20%。

节约用水 教育知识读物

从历年统计资料来看，我国废水排放量逐年增加，工业废水排放量和占比逐年降低，城镇生活污水排放量和占比逐年提高，并且占污水排放的绝大部分。据国家统计局数据显示，2017 年我国废水排放总量为 699.7 亿 t，其中工业废水排放总量 181.6 亿 t，占 26.0%；城镇生活污水排放量 517.8 亿 t，占 74.0%。城镇生活污水占比逐年上升，已成为污水的主要来源。

知识拓展5：污水排放等级要求

《城镇污水处理厂污染物排放标准》是国家环境保护总局于 2003 年 7 月 1 日颁布实施的国家标准。**一级标准的 A 标准是城镇污水处理厂出水作为回用水的基本要求。**当污水处理厂出水引入稀释能力较小的河湖作为城镇景观用水和一般回用水等用途时，执行一级标准的 A 标准；城镇污水处理厂出水排入 GB 3838 地表水 Ⅲ 类功能水域（划定的饮用水水源保护区和游泳区除外）、GB 3097 海水二类功能海域和湖、库等封闭或半封闭水域时，执行一级标准的 B 标准；城镇污水处理厂出水排入 GB 3838 地表水 Ⅳ、Ⅴ 类功能水域或 GB 3097 海水三、四类功能海域时，执行二级标准。非重点控制流域和非水源保护区的建制镇的污水处理厂，根据当地经济条件和水污染控制要求，采用一级强化处理工艺时，执行三级标准。但必须预留二级处理设施的位置，分期达到二级标准。

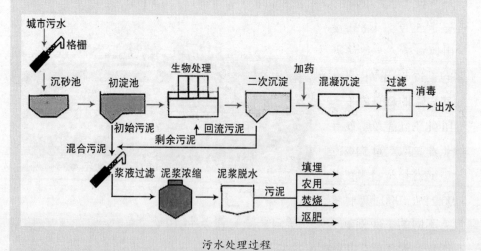

污水处理过程

2.2　生产之要

2.2.1　水与工业

　　水是"工业的血液"。工业是社会发展的支柱产业，贡献了国内生产总值（GDP）的大多数。2019 年，湖南全省工业用水量 90.79 亿 m^3。在现代工业中，没有一个工业部门是不用水的，每个工厂都要利用水的各种作用来维护正常生产。如看不见水的书本、圆珠笔，其生产都需要大量的水，生产 1 t 书写用纸需用水约 18 m^3，生产 1 万支圆珠笔需用水约 10 m^3。

3 500本　　　　　　　　　　　　　　约36 000瓶

10 000支　　　　　　　　　　　　　约20 000瓶

　　工业用水一般占城市用水的 60% ～ 80%，**用水量大且集中**。工业用水主要包括冷却用水、热力和工艺用水、洗涤用水。其中工业冷却用水量占工业用水总量的 80% 左右，取水量占工业取水总量的 30%～40%。火力发电、冶金、石油化工、造纸、纺织、医药、印染、食品与发酵等八个行业取水量约占全国工业总取水量的 60%（含火力发电直流冷却用水）。

　　随着科学技术的进步和社会经济的发展，工业用水也以相当惊人的速度增长。从 1900 年到 1975 年，全世界工业用水量增长了 20 倍！

　　不同的工业领域不仅对"水量"的需求不同，而且对"水质"的要求也有区别。对于锅炉来说，一般都要进行预处理。这是因为如果水质较硬（水中含钙、镁盐类物质较多），那么就会在锅炉内部结成水垢，由于水垢的传热系数比钢铁小很多，因此锅炉结垢一方面将增加燃料的消耗，另一方面会引起炉管过热，从而产生爆炸危险。

知识拓展6：工业产品耗水量

生产1万件羽绒服需用水约700 m³；

生产1万件儿童服装需用水约90 m³；

生产1万双布鞋需用水约200 m³；

生产1000支牙膏需用水约3 m³；

生产1 m³混凝土需用水约0.3 m³；

生产1 t水果糖需用水约7 m³。

生产1条蓝色牛仔裤需要耗费3 480 L水≈成年人5年的饮水量！

2.2.2 水与农业

水利是农业的命脉。农业生产中，作物的生长离不开水，所有的农产品中都含有水，这些水来源于自然界中的液态水。农业生产中的水资源直接来源于大气降水、地表水和浅层地下水。

中国西北干旱地带的年降水量为200 mm，在这类地区没有灌溉就没有农业，须依赖于蓄水、引水或提水工程，以供给农业用水需要。

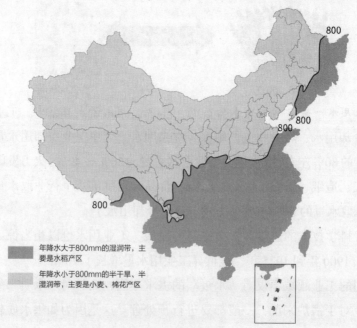

年降水大于800mm的湿润带，主要是水稻产区

年降水小于800mm的半干旱、半湿润带，主要是小麦、棉花产区

我国农业种植分布

在年降水量为 400～700 mm 的半干旱、半湿润带，主要是小麦、棉花等旱作物产区，降水量多集中在 7～8 月，需调蓄汛期雨水所形成的地表径流，以供旱期灌溉之用。

年降水量大于 800 mm 的湿润带，主要是水稻产区，除降水直接提供作物生长需水外，仍需发展灌溉，在时间上补充雨水的不足。因此，有效地利用雨水对这类地区的农业生产具有决定性的意义。

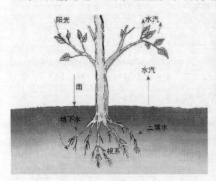

作物水循环

节水灌溉农业

常见食物及各种水果含水量见表 2-5、表 2-6。

表2-5　常见食物含水量

食物	单位	原料质量（g）	含水量（g）	食物	单位	原料质量（g）	含水量（g）
米饭	1中碗	100	240	松花蛋	1个	60	34
大米饭	1大碗	50	400	藕粉	1大碗	50	210
大米粥	1小碗	25	200	鸭蛋	1个	100	72
面条	2两	100	250	馄饨	1大碗	100	350
馒头	1个	50	25	牛奶	1大杯	250	217
花卷	1个	50	25	豆浆	1大杯	250	230
烧饼	1个	50	20	蒸鸡蛋	1大碗	60	260
油饼	1个	100	25	牛肉		100	69
豆沙包	1个	50	34	猪肉		100	29
菜包	1个	150	80	羊肉		100	59
水饺	1个	10	20	青菜		100	92
蛋糕	1块	50	25	大白菜		100	96
饼干	1块	7	2	冬瓜		100	97
油条	1个	50	12	豆腐		100	90
煮鸡蛋	1个	40	30	带鱼		100	50

表2-6　各种水果含水量

名称	质量（g）	含水量（g）	名称	质量（g）	含水量（g）
西瓜	100	79	葡萄	100	65
甜瓜	100	66	桃子	100	82
西红柿	100	90	杏	100	80
萝卜	100	73	柿子	100	58
李子	100	68	香蕉	100	60
樱桃	100	67	桔子	100	54
黄瓜	100	83	菠萝	100	86
苹果	100	68	柚子	100	85
梨	100	71	广柑	100	88

知识拓展7：节约用水，从点滴做起

水龙头滴水式漏水1小时可流掉3.6 kg水，1个月浪费2.6 t水；小水流（线状）漏水，1小时可流掉17 kg水，1个月浪费12 t水；大水流漏水，1小时流掉670 kg水，1个月浪费482 t水。

一滴水的用途有限，但把水滴汇集起来就会产生极大的作用。如果我国每个人每天都浪费一滴水，加起来就有130万 m^3/d：用于发电，可以发电成千上万度；用于灌溉，可以灌溉数十万乃至上百万亩良田；可以供应上万人一天的用水。

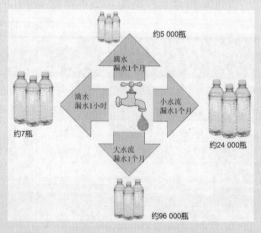

约5 000瓶

滴水漏水1个月

滴水漏水1小时

小水流漏水1个月

约7瓶

约24 000瓶

大水流漏水1个月

约96 000瓶

不同程度漏水的龙头漏水量

1 t水也就是1 m^3 的水，可以灌装约1 800瓶矿泉水（550 mL装）；正常情况下可以满足约800人1天的饮水，满足一个人10天的全部生活用水。

水在很多物资生产过程中也是不可缺少的，1 t水可以磨面粉34袋，发电100 kW·h，生产化肥500 kg，生产水泥350 kg，织布200 m，染布33.3 m，生产铅笔3 000支，生产电视机11台，生产红砖2 000块，炼钢150 kg。

发电100 kW·h，大约一个普通农村家庭可用2个月；织布200 m，可做 100 套学生服；炼钢 150 kg，可制作大约 600 把家用的菜刀。

滴水虽小，足以汇成江河。所以，节约用水要从点滴做起。

2.3　生态之基

2.3.1　水与环境

2.3.1.1　水环境质量

我国《地表水环境质量标准》，依据地表水水域环境功能和保护目标，按功能高低将地表水水质依次划分为五类，见表 2-7。

表2-7　地表水水质分类

水质分类	适用对象
Ⅰ类	主要适用于源头水、国家自然保护区
Ⅱ类	主要适用于集中式生活饮用水地表水源地一级保护区、珍稀水生生物栖息地、鱼虾类产卵场、仔稚幼鱼的索饵场等
Ⅲ类	主要适用于集中式生活饮用水地表水源地二级保护区、鱼虾类越冬场、洄游通道、水产养殖区等渔业水域及游泳区
Ⅳ类	主要适用于一般工业用水区及人体非直接接触的娱乐用水区
Ⅴ类	主要适用于农业用水区及一般景观要求水域

2.3.1.2　水污染的来源和分类

水污染是指当污染物进入河流、湖泊、海洋或地下水等水体后，其含量超过了水体的**自净能力**，使水质和水体底质的物理化学性质、生物群落组成发生变化，从而降低了水体的**使用价值**和**使用功能**的现象。

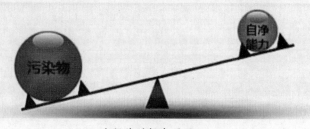

水污染的根本原因

　　引起水体污染的各种物质的来源称为污染源，它包括直接产生污染物质和间接产生污染物质的单位和场所。常见的主要的**水体污染源有工业污染（废水、废渣）、农业污染、生活污染、城市垃圾污染等**，其中工业废水中含有大量的污染物，包括有机污染物、无机污染物、有毒物质、悬浮物、有色臭味的废水等，这些污染物质会导致水中的溶解氧含量下降，影响水中生物的生长，甚至将水中的细菌和动植物杀死，抑制水体的自净作用。因此，工业废水排入河流、湖泊、海域和渗入地下，是最主要的污染源，减少工业废水的排放是改善水环境的重要途径。

　　（1）根据污染物的类型，水污染可以分为三类：化学性污染物、物理性污染物、生物性污染物，见表2-8。

表2-8　水污染的分类（按污染物类型划分）

类型			主要污染物
化学性污染物	无机无毒污染物	微量金属	Fe、Cu、Zn、Ni等
		非金属	Se、B、I、C等
		酸、碱、盐污染物	HCl、H_2SO_4、HCO_3^-、HS^-、酸雨等
		金属离子	Ca^{2+}、Mg^{2+}
	有机无毒污染物		蛋白质、氨基酸等
	油类污染物		石油等
	有毒污染物	重金属	Hg、Pb等
		非金属	F^-、CN^-、As等
		有机物	苯、酚、芳香烃等
物理性污染物	感官性污染物		H_2S、NH_3、肉眼可见物质、色素、臭味等
	固体污染物		尘土、胶体、泥沙、可溶性物质等
	热污染		热水等
	放射性污染物		镭（226 Ra）、铀（235 U）、钴（60 Co）、钋（210 Po）、氚（2 H）、氩（41 Ar）、氪（35 Kr）、氙（133 Xe）、碘（131 I）、锶（90 Sr）、钷（147 Pm）、铯（137 Cs）等
生物性污染物	病原微生物		细菌、病毒、寄生虫等
	营养性污染物		含N、P元素的有机化合物，NO_2^-，NO_3^-等

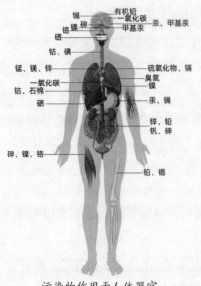

污染物作用于人体器官　　　　　重金属作用于人体器官

（2）根据污染物的来源，水污染可以分为点源污染、面源污染和内源污染，见表2-9。

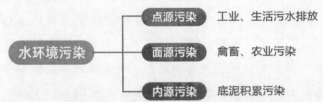

水环境污染
　　点源污染　工业、生活污水排放
　　面源污染　禽畜、农业污染
　　内源污染　底泥积累污染

表2-9　水污染的分类（按污染物来源划分）

分类	典型污染来源	
点源污染	工矿企业居民点等排放的废水、废气和废渣，通过排放口或堆放点等，以定点或不定点的方式排入水体，对水体造成污染	
面源污染	施用大量农药和化肥的农田和果林，排放污废水及降水的城市、街道厂区等。通常雨季是面源污染最严重时期	
内源污染	污染物进入水体后，通过长时间的积累沉淀和附着，在水体内产生二次污染。这种污染来源较面源更难以控制和消除，一般要进行河道和湖底清淤，代价高昂	

知识拓展8：水污染的来源

将大量未经过处理的废水、废物直接排入江河湖海，污染地表水和地下水。人类活动造成水体污染的主要来源有以下几个。

1. 工业废水

工业生产过程排出的废水、废液等，统称工业废水。这类废水成分极其复杂，量大面广，有毒物质含量高，其水质特征及数量随工业类型而异，大致可分三大类：

（1）含无机物的废水，包括冶金、建材、无机化工等废水。

（2）含有机物的废水，包括食品、塑料、炼油、石油化工以及制革等废水。

（3）兼含无机物和有机物的废水，包括炼焦、化肥、合成橡胶、制药、人造纤维等废水。

2. 生活污水

人们日常生活中排出的各种污水混合液统称生活污水。随着人口的增长与集中，城市生活污水已成为一个重要污染源。生活污水包括厨房、洗涤、洗浴以及冲厕用水等，这部分污水大多通过城市下水道与部分工业废水混合后排入天然水域，有的还汇合城市降水形成地表径流。由城市下水道排出的废污水成分极为复杂，其中大约99%以上是水，杂质占0.1%～1%。生活污水中悬浮杂质有泥沙、矿物质、各种有机物、胶体和高分子物质（包括淀粉、糖、纤维素、脂肪、蛋白质、油类、洗涤剂等）；溶解物质则有各种含氮化合物、磷酸盐、硫酸盐、氯化物、尿素和其他有机物分解产物，还有大量的各种微生物，如细菌、多种病原体等。

3. 农田排水

通过土壤渗漏或排灌渠道进入地表和地下水的农业退水统称农田排水。农业用水量比工业用水量大得多，但利用率较低。一部分要经过农田排水系统或其他途径回到地表、地下水体。随着农药、化肥施用量增加，大量残留在土壤里、溶解在水中的农药和化肥，会随农田排水进入天然水体；大型饲养场的兴建，使各类农业废弃物的排入量增加，给天然水体增加污染负荷。水土流失也会造成大量泥沙及土壤有机质进入水体，这些都是水体的面污染源。此外，大气环流中的各种污染物质的沉降，如酸雨等，也是水体污染的来源。这些污染源造成性质各异的水体污染，并产生不同的危害。

2.3.1.3 水污染的危害

1. 危害人体健康

世界上 80% 的疾病都与水有关。据世界卫生组织的调查，全球 12 亿人因饮用被污染的水而患上各种疾病，患病率高达 20%。全球 50% 的癌症与饮用水不洁有关。水污染物不断通过饮用水或食物链进入人体后，使人急性或慢性中毒；砷、铬、铵类还可引发癌症，饮用高氟水使得氟斑牙、"桶脚"、驼背病时常发生。

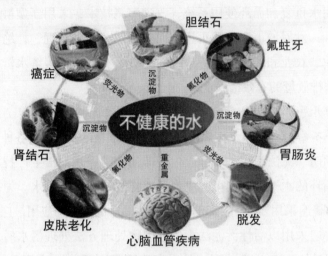

饮用不健康的水易引发的各种疾病

2. 危害工农业生产

水质污染后，工业用水必须投入更多的处理费用，造成资源能源的浪费；农业使用污水，可能使作物减产，品质降低，甚至使人畜受害；大量农田污染，会降低土壤质量；海洋石油污染，可造成海鸟和海洋生物死亡以及赤潮等。

3. 引起水体富营养化

含有大量氮、磷、钾等元素的污水排放至河湖中后，被水中大量有机物降解后释放出营养元素，促使水中藻类丛生、植物疯长，使水体通气不良，溶解氧能力下降，甚至出现无氧层，造成水生植物大量死亡，水面发黑，水体发臭，形成"死湖""死海"等"黑臭水体"，这种现象称为水体富营养化。富营养化水体水质差，水中鱼类会大量死亡。

2.3.1.4 水污染的防治

1. 积极推行清洁生产

清洁生产是指在产品设计、材料选取、技术采用、工艺设计、产品使用和废弃处理的整个循环中以节能、降耗、减污为目标，以管理、技术为手段，实施全过程污染控制，使污染物的产生量、排放量最小化的一种综合性措施。它与传统的"先污染、后治理"的治理污染的思路完全不同，是消除或减少工业生产对人类健康和环境影响的科学手段。

2. 努力建设节水型社会

建立节水型经济和节水型社会是防污的重要手段，节水就是防治水污染。我国目前工农业生产的耗水量十分惊人，节水潜力很大。采用先进工艺技术，发展工业用水重复和循环使用系统，改进灌溉技术，采用新型耕作技术和作物结构设计；发展城市废水的再生及回收利用；加强管理，杜绝浪费是建立节水型工业、农业和第三产业，最终建立节水型社会，缓解水资源紧张，减少废、污水排放量的有效措施。

3. 大力开展水污染治理

预防并不能彻底消灭污染源。人类生活过程中必然会排放各种类型的水，这是无法预防、无法消灭的。工业生产即使大力采用清洁生产技术，即使达到了资源循环的水平，也不可避免地仍要排放一定量的废水。为控制水体的有机污染，普遍采用二级生物处理流程，尤以活性污泥的应用最广。美、英、瑞典等国普遍采用以活性污泥法为主的生物处理方法处理污水后，水环境的质量有了明显的改善，证明此种方法是有效的。日本和韩国采用**卵石降低流速、增强生化作用的处理方法**也是有效的。

4. 统一管理、充分利用水体的自净能力

少量污染物进入水体后，经过一系列的物理、化学、生物等方面的作用，污染物的浓度会逐渐降低，水体往往能恢复到受污染前的状态。水的这种自我调节能力称为**水体的自净能力**。

知识拓展9：如何辨别污染的水质？

水体受污染后，若继续使用，就会对人体健康和生态环境造成危害。那么，日常生活中我们如何用最简易的方法辨别水质的好坏呢？感水温、闻气味、看颜色和浑浊程度就是最简单的办法。

清洁的水是无色的，一旦水出现颜色则说明水质受到污染。比如，水体出现红色有可能是由于铁锈或藻类造成的；水体出现黑色多由于金属的污染造成；而出现黄色或棕黄色有可能是由于加入的净水剂过量或由于铬或腐殖质的污染所致。

受污染的自来水

清洁的水是无味的。若水出现芳香臭或类似黄瓜腐烂的臭味，有可能是由于藻硅类等浮游生物大量繁殖造成的，发生的场所主要是湖泊和水库。若水出现金属臭味，多由于铜锌管道老化或铁管生锈造成，这种水主要出现在自来水管道中。若水中出现腐臭，有可能是由于下水道污水污染造成的，它主要

受污染的河水

发生在下水道破损污水流入的地方。但有的高层水箱的溢水口直接同下水道相连，一旦下水道阻塞也有可能造成污水上溯而污染整个水箱水质。

另外，如果水中出现异味，说明有污染。如水中氯化物污染，每升超过 300 mg 水会有咸味；水中的硫酸盐过多时，呈苦涩味；水中铁盐过多时也有涩味；受生活污染、工业废水污染后，水可呈现各种异味。

水体浑浊度超过 10 度时，肉眼可明显看到水质浑浊，这是由于水体中泥沙、有机物、浮游生物和微生物增加而造成的。

2.3.1.5 污染的水体可以修复吗？

水体部分污染可以通过水体的自净能力或者人工的方式修复，但是过程漫长、代价巨大，有些甚至难以修复。

水体净化按作用类型大致可分为三类，即物理净化、化学净化和生物净化，它们同时发生，相互影响，共同作用。

水体自净指的是受污染的水体在无人工干预的条件下，借助于周围环境、水中的动植物、微生物等，使污染物浓度和毒性逐渐下降，经一段时间后恢复到受污染前的状态。但是，水体的自净能力有一定的限度，当污染物数量超过水体的自净能力，就会导致水体污染。

节约用水 教育知识读物

水体的人工净化主要是建设集中式的污水处理厂，通过物理、化学和生物净化的方法减少污染物的含量，达到相应的水质标准后排放。

无论通过何种方式，最经济、环保的污染控制方式是节水减排。

知识拓展10：水体自净原理

（1）物理净化：物理作用包括可沉性固体逐渐下沉，悬浮物、胶体和溶解性污染物的稀释混合。其中稀释作用是一项重要的物理净化过程。当污染物进入水体后，立即受水流的混合与稀释，河水中的悬浮颗粒物则靠其重力作用逐渐下沉，参与底泥的形成。水中的污染物也可被固体吸附，并随同固相迁移或沉淀。

（2）化学净化：包括污染物的分解与化合、氧化与还原、酸碱中和等作用而使污染物质的存在形态发生变化和浓度降低。一些重金属离子与阴离子化合生成难溶的重金属盐而沉淀，如硫化汞、硫化镉等。有些水体污染物可发生光解反应和光氧化反应，如酚在水中可发生光解反应。

（3）生物净化：又称生物化学净化。各种生物尤其是微生物的活动对水中有机物的氧化分解作用使污染物浓度降低。它在水体的自净中起非常重要的作用。

知识拓展11：水污染案例

1. 湖南岳阳砷污染

2006年9月8日，湖南省岳阳县饮用水源地新墙河发生水污染，砷超标10倍左右，8万居民的饮用水安全受到威胁和影响。最终经核查发现，污染发生的原因为河流上游3家化工厂的工业

重金属污染的河水

污水日常性排放，致使大量高浓度含砷废水流入新墙河。

2. 湖南省湘江镉污染

2006年1月4日，水利施工不当导致株洲冶炼厂含镉废水排入湘江，湘江株洲霞湾港至长沙江段出现不同程度的镉超标，湘潭、长沙两市水厂取水源水质受到不同程度的污染。事故发生后，湖南省委、省政府和国家环保总局高度重视，紧急协调株洲、湘潭、长沙三市政府，迅速采取停止

施工、投放石灰、加大下泄水量、全天候监控、商讨制订事故善后处置方案等应急措施。到 1 月 7 日下午检测，两市部分水厂进水口水质镉虽然超标，但已明显降低，出厂水质未出现镉超标。

3. 内蒙古赤峰市细菌污染

2009 年 7 月 23 日，内蒙古赤峰市新城区发生强降雨，导致污水和雨水外溢，淹没 9 号水源井，是导致此次水污染事件的主要原因。经卫生部门 26 日采集水样，新城区 9 号水源井总大肠菌群、菌落总数严重超标，同时检出沙门氏菌。事件后果：赤峰市新城区居民饮用自来水，导致 4 322 人出现发热、恶心、呕吐、腹泻而就医。当地瓶装水脱销，甚至影响房价下跌。直到 8 月 10 号才恢复供水，共计 16 天。

4. 滇池水污染与修复

滇池是昆明最大的饮用水源，供水量占全市供水量的 54%，由于昆明市工业和生活污水的排放，重金属污染和富营养化十分严重，饮用水多项指标不合格，第三水厂 1993 年被迫停产 43 天，直接经济损失 4 000 多万元；沿湖不少农村井水也不能饮用，造成 30 多万农民饮水困难。自"九五"开始，国家连续四次将滇池列入"三河三湖"重点流域治理计划，累计投资逾 500 亿元。通过近 30 年的治理，滇池水质明显改善。2015～2019 年，滇池总体水质从重度污染变为轻度污染，实现了劣 V 类到 IV 类的跨越式提升。蓝藻水华天数从 2015 年的 32 天下降至 2019 年的 6 天，滇池物种持续恢复，特有物种逐渐重现，流域生态系统快速恢复。

治理前的滇池

2019年恢复生机的滇池

2.3.2 水与生态

（1）水是生态环境的基本要素，是生态环境系统结构与功能的组成部分。

（2）生物圈内任何物质的循环都离不开水的参与和水的独特作用。

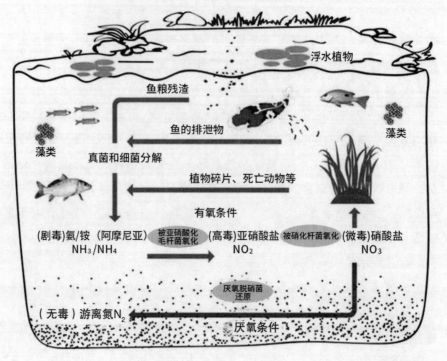

生态系统结构示意图

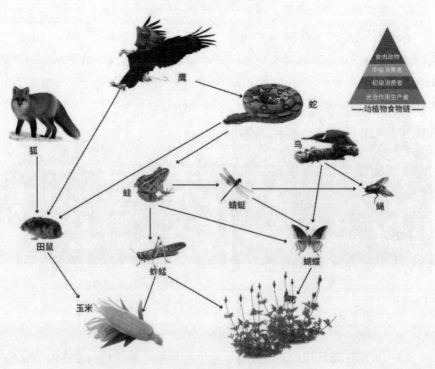

动植物食物链示意图

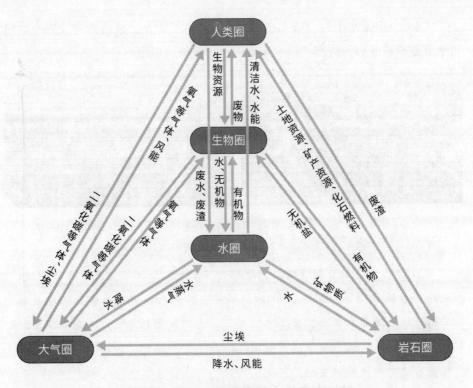

生物圈图

（3）水是构成环境的重要因素。为了保护环境，必须保持河川水环境的正常水流和水体的自净能力，以满足河流健康的需要。河道外用水，一般不应超过河流径流量的40%；河流入海水量的大小决定了河口地区的生态质量，入海水量应达到河流径流的10%。内陆河流输入尾闾的水量也应达到河流径流量的10%～15%。

株洲万丰河

（4）"山无水不秀，城无水不兴，田无水不收"。经济社会发展不能超过水资源承载能力，故需"以水定人，以水定城，以水定产"。

生态治理下的城市与湖泊

知识拓展12：额济纳的绿洲消失

20世纪50年代，额济纳绿洲被称为"塞外江南"，"芨芨芦苇入望迷，红柳胡杨阔天边"。80年代开始，黑河中游来水锐减，导致额济纳生态急剧恶化，地表水枯竭，地下水位降低，大片胡杨林死亡，失去挡风阻沙的屏障，当年的天鹅湖变成了盐碱滩。被人们夸赞为"沙漠英雄树"的胡杨虽然成为一种精神象征，但是人们也会叹息背后失去的绿洲。

胡杨林及其分布

测一测

一、火眼金睛判对错

1.一切生物的新陈代谢活动，都必须以水为介质。（　　　）

2.按《地表水环境质量标准》，Ⅳ类水也可以游泳，Ⅴ类水可以作为工业用水。（　　　）

3.工业用水一般占城市用水的比重最大。（　　　）

4.日常生活中，我们常常看到池塘水体成绿色，说明池塘水体富营养化。（　　）

5.我国南方丰水地区没有必要节水。（　　）

二、拨开迷雾寻真知

1.下列说法正确的是（　　）。

A.中国是世界上人均年用水量最大的国家

B.随着人民生活水平的提高，人均生活用水量也不断增加，生活污水排放量也在不断增加

C.社会经济发展水平越高，人均用水量越低

2.下列说法正确的是（　　）。

A.只有工业用水才有用水定额

B.生产同一产品，单位产品用水量越小，说明用水效率越高

C.自来水厂生产水，但并不消耗水

3."三生"用水量是指生活、生产、生态用水，而生产用水又分为工业用水和农业用水，在所有用水中，（　　）的占比最大。

A.生活用水　　　　　B.工业用水　　　　　C.农业用水

4.水是人体含量最多的物质，约占人体重量的（　　）。

A.70%　　　　　　　B.75%　　　　　　　C.80%

5.按污染物来源划分，常见的水体污染源有（　　）。

A.工业污染源、农业污染源、生活污染源和城市垃圾污染源

B.物理污染源、化学污染源、生物污染源

C.无机污染物、有机污染物、油类污染物

三、力学笃行，全员行动

1.我们都知道一拧开水龙头就会有自来水流出，请你查查资料，给家人们讲一讲自来水是经过了哪些步骤才能"自来"到家里的水龙头的。

2.请调查你和你的同学们，每个家庭每个月用水情况并完成下表。

姓名	家庭人口数（人）	用水量（t/月）	人均用水量（t/月）	每月水费（元）	主要用水项目（如做饭、沐浴等）

节约用水
教育知识
读物

参考答案

一、火眼金睛判错

1—5. √ × √ √ ×

二、拨开迷雾寻真知

1—5. B B C A A

第三篇　节水行动

　　前两篇回答了为什么要节水的问题，接下来我们要回答谁来节水、怎么节水的问题。节约用水是一个复杂的系统工程，涉及社会经济生活和生产的各个方面，需要全社会的积极参与。在节水实践中，政府应处于什么地位，发挥什么作用？各市场主体在节水中如何作为？每个社会个体应如何参与？在日常生活中如何节水？节水型社会应该怎么建设？发达国家和水资源相对丰富的国家是否也重视节水等问题？本篇向大家逐一道来。

节约用水 教育知识读物

3.1 政府主导

政府主导是节水工作的关键。政府可以通过规范市场，对节水工程予以资金的支持，制定相关政策和制度等方式参与节水。同时，在节水工作中，政府相关法律法规执行力度也直接影响着节水效果。

3.1.1 制定法律法规和制度

国家制定和实施与水资源、水环境、节水用水相关的法律、政策文件和标准规范，为节约用水提供了法律保障和依据。

3.1.1.1 法律法规

在节水型社会的建设中，各国都制定了相关的法律法规。在我国，有两部重要的法律为节水工作的开展提供了基本依据，即由全国人民代表大会常务委员会制定的《中华人民共和国水法》和《中华人民共和国水污染防治法》。

2016 年修订的最新版

2017 年修订的最新版

3.1.1.2 最严格的水资源管理制度

2012 年 1 月，国务院发布了《关于实行最严格水资源管理制度的意见》，要求实行最严格水资源管理制度，尤其是水资源开发利用控制、用水效率控制和水功能区限制纳污要严格按照"三条红线"来执行（见表 3-1、表 3-2）。

表3-1 《关于实行最严格水资源管理制度的意见》所要求的"三条红线"

年份	2015	2020	2030
用水总量（亿m³）	6 350	6 700	7 000
万元工业增加值用水量（m³）	比2010年下降30%	65	40
农田灌溉水有效利用系数	0.53	0.55	0.6
水功能区水质达标率（%）	60	80	95

表3-2 最严格水资源管理制度考核"三条红线"

"三条红线"	名称	标准
红线一	水资源开发利用控制红线	到2030年全国用水总量控制在7 000亿m³以内
红线二	用水效率控制红线	到2030年用水效率达到或接近世界先进水平，万元工业增加值用水量降低到40 m³以下，农田灌溉水有效利用系数提高到0.6以上
红线三	水功能区限制纳污红线	到2030年主要污染物入河湖总量控制在水功能区能够接纳污水的能力范围之内，水功能区水质达标率提高到95%以上

3.1.1.3 地方法规和制度办法

1998年8月,湖南省第九届人民代表大会常务委员会公告第6号发布了《湖南省湘江流域水污染防治条例》；2013年以来湖南省先后出台《湖南省最严格水资源管理制度实施方案》《湖南省实行最严格水资源管理制度考核办法》,

确立了水资源开发利用控制、用水效率控制、水功能区限制纳污"三条红线"，明确了各市（州）行政区域用水总量和用水效率的控制指标。2013 年 3 月，湖南省物价局和湖南省住房和城乡建设厅印发了《湖南省城市供水价格管理办法》；2017 年 11 月 30 日，湖南省第十二届人民代表大会常务委员会第 33 次会议通过了《湖南省饮用水水源地保护条例》；2019 年，湖南省人民政府第 26 次常务会议审议通过了《湖南省节约用水管理办法》等。

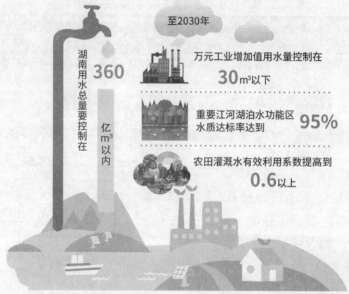

湖南用水总量要控制在 **360** 亿 m³ 以内

至2030年

万元工业增加值用水量控制在 **30** m³以下

重要江河湖泊水功能区水质达标率达到 **95%**

农田灌溉水有效利用系数提高到 **0.6** 以上

湖南省水资源管理"三条红线"

3.1.1.4 标准和规范

建设节水型社会，强制性的法律法规还远远不够。因此，国家还制定了各种取水定额标准、用水定额标准、建筑节水设计标准、节水器具标准、节水灌溉标准、节水企业标准等，这些标准为各行业节水提供了技术依据。

湖南省地方标准——用水定额

节水灌溉工程技术规范

湖南通过执行各类节水、用水的标准来规范各行业企业用水。如，2019年，湖南省发展和改革委员会会同湖南省水利厅印发了《国家节水行动湖南省实施方案》；2020年5月，湖南省水利厅修订了湖南省地方标准《用水定额》（DB43/T 388—2020）。

1. 用水定额

用水定额是指一定时期内用水户单位用水量的限定值。或者说对生产同一类产品的用水量进行比较，计算生产单位产品需要的用水量，称之为用水定额。例如生产一瓶可口可乐需要两瓶自来水，那么生产可口可乐的用水定额就是 2 m^3/t。同样，生产 1 t 复印纸大约需要 10 m^3 的水，简单沐浴一次大约需要 62 L 的水，大学生平均在学校食堂吃一顿饭需要消耗 15 L 的水等，全都可以计算出相应的用水定额。有了用水定额就可以比较不同企业生产中用水效率的高低，生产同类产品的行业还可以相互比较、相互借鉴，达到用更少的水生产更多产品的目标。

用水定额是随社会、科技进步和国民经济发展而逐渐变化的，如工业用水定额和农业用水定额因科技进步而逐渐降低，生活用水定额会逐渐增多。

知识拓展1：居民生活用水定额、学校用水定额

医院、图书馆、烈士陵园、体育场、旅馆、理发店、超市、学校等公共事业机构的用水定额都可以在湖南省的《用水定额》里查找到。长沙市城镇居民的生活用水定额可以参考表3-3。

表3-3　长沙市城镇居民生活用水定额

名称	分类	先进值	通用值	单位
城镇居民生活	特大城市	150	160	L/（人·d）
	大城市	145	155	L/（人·d）
	中等城市	140	150	L/（人·d）
	小城市	140	145	L/（人·d）

注：参照2014年国务院印发的《关于调整城市规模划分标准的通知》，将城市规模分为五类七档。

1. 小城市（人口小于50万）：城区常住人口50万以下的城市为小城市，其中20万以上50万以下的城市为Ⅰ型小城市，20万以下的城市为Ⅱ型小城市（含城镇）；

2. 中等城市（人口50万～100万）：城区常住人口50万以上100万以下的城市为中等城市；

3. 大城市（人口100万～500万）：城区常住人口100万以上500万以下的城市为大城市，其中300万以上500万以下的城市为Ⅰ型大城市，100万以上300万以下的城市

为Ⅱ型大城市;

4.特大城市(人口500万～1 000万):城区常住人口500万以上1 000万以下的城市为特大城市;

5.超大城市(人口大于1 000万):城区常住人口1 000万以上的城市为超大城市。

学校用水定额可参考表3-4。

表3-4　公共事业(学校)用水定额

行业代码	定额代码	行业名称	产品名称	先进值	通用值	单位
p831	8311	学前教育	幼儿园	11	18	$m^3/(人·a)$
p832	8321	初等教育	小学	11	18	$m^3/(人·a)$
p833	8331	中等教育	初中、高中	15	26	$m^3/(人·a)$
p834	8341	高等教育	大学(含专科院校)	45	85	$m^3/(人·a)$

2.湖南省地方标准

湖南省地方标准《用水定额》(DB43/T 388—2020)已经于2020年5月27日起正式施行。《用水定额》分为农业用水定额、工业用水定额、生活服务业及建筑业用水定额三大类,定额产品共计512项。其中农业用水定额23项,渔业用水定额1项,牲畜用水定额8项;工业用水定额覆盖100个工业行业中412种产品;生活服务业及建筑业用水定额覆盖29个公共服务行业,68个定额值。

《用水定额》新增了先进值和准入制,先进值适用于节水型企业、节水型单位创建及节水考核等;准入制适用于新建(改建、扩建)用水户的水资源论证、取水许可审批等工作。

《用水定额》的实施为湖南省进一步落实最严格水资源管理制度、强化用水效率控制红线和用水定额管理、做好合理分水和管住用水等具有重要刚性约束作用;对加强湖南省水资源科学管理,进一步完善计划用水、节约用水体系,促进各行业合理用水、节水减污、保护水资源与生态环境具有积极促进作用。

> **知识拓展2:用水效率**
>
> 生产价值10 000元的产品,食品制造业需水2.62 m^3,而精炼石油产品制造业只需要使用0.189 m^3的水,这说明精炼石油产品制造业的用水效率比食品制造业的用水效率更高。

3.1.2　落实水行政执法，监督检查取水用水排水情况

3.1.2.1　取水许可制度和计划用水制度

机关单位、企业、个人等可以直接从河道、湖泊、水库等水体中取水吗？《中华人民共和国水法》第四十八条规定："直接从江河、湖泊或者地下取用水资源的单位和个人，应当按照国家取水许可制度和水资源有偿使用制度的规定，向水行政主管部门或者流域管理机构申请领取取水许可证，并缴纳

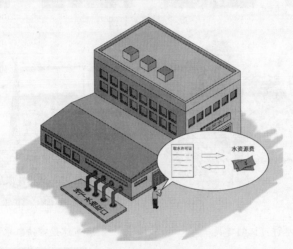

取水许可制度

水资源费，取得取水权。但是，家庭生活和零星散养、圈养畜禽饮用等少量取水的除外。实施取水许可制度和征收管理水资源费的具体办法，由国务院规定。"

依法取水

对于取水的单位和个人，执行取水许可制度，还要按照《中华人民共和国水法》《取水许可和水资源费征收管理条例》《建设项目水资源论证管理

节约用水
教育知识读物

办法》的规定；对于直接从江河、湖泊或地下取水并需申请取水许可证的新建、改建、扩建的建设项目，应当进行水资源论证，并编制该项目水资源论证报告书，办理取水许可证。

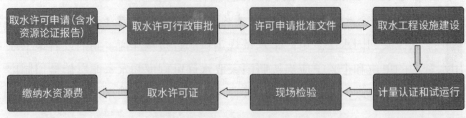

取水许可流程图

需办理取水许可证的建设项目

城市建设申请取水许可

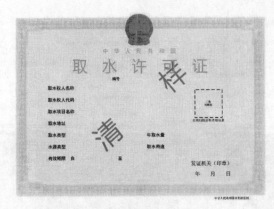

取水许可证

取水许可管理条例

3.1.2.2 入河排污口监督与管理

为保护水资源，国家对排污企业进行了严格管理，对于污染严重且无法达到排放标准的企业给予关停处理。需要排放污水的单位和企业，应该按照《湖南省入河排污口监督管理办法》（湘政办发〔2018〕44号）的规定，合理设置排污口。设置入河排污口的单位，应当在向环境保护行政主管部门报送建设项目环境影响报告书（表）之前，向有管辖权的县级以上地方人民政府水行政主管部门或者流域管理机构提出入河排污口设置申请。入河排污口设置申请时应提交入河排污口设置论证报告书。

入河排污口

污水处理前　　　　　　　　　　污水处理后

依法排污

排污口标识

依法守护绿水青山

3.1.3　节水政策激励，激发节水内生动力

为推动节水工作，国家已实施一系列的节水激励政策。

（1）工业企业节水技术改造国产设备的投资，可抵减当年新增所得税。

（2）对以废水为原材料生产的产品，可以减免所得税五年。

（3）采用灵活机制如"以奖代补""节水贷"等形式，激发企业自主节水的动力。

（4）**节水型企业**是指采用先进适用的管理措施和节水技术，经评价用水效率达到国内同行业先进水平的企业。2018 年发布的《节水型企业评价导则》从节水企业建设基本要求、管理指标和技术指标三个方面开展评价。

《节水型企业评价导则》

3.2　市场调节

3.2.1　水权

水利部《水权交易管理暂行办法》（水政法〔2016〕156 号）明确水权包括水资源的所有权、使用权和收益权，所有权具有全面性、整体性和恒久性的特点，最重要的是水资源的使用权。水权的转让促使水的利用从低效益向高效益的转化，提高了水的利用效益和效率。

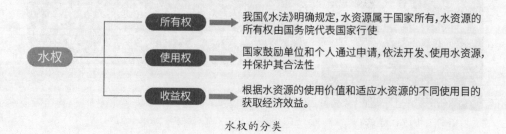

水权的分类

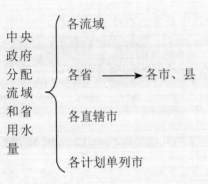

中央政府分配流域和省用水量

各流域

各省 ——→ 各市、县

各直辖市

各计划单列市

水资源分配

3.2.2 水市场

水市场就是通过出售水权、买卖水权、用行政手段和市场交易促进水资源优化配置的交易场所。在水的使用权确定以后，对水权进行交易和转让，就形成了水市场。水市场可以保护水体，使水资源避免过度开采。由于水的特殊性，水市场是一个准市场，我国地广、人多、水少，用水量日益增加，把水权推向市场，用市场经济手段管理水资源是当前十分紧迫的任务。

水权交易

知识拓展3：全国第一起雨水资源水权交易案例

天然雨水具有硬度小、污染物少等优点，因此雨水可用于绿化、洗车、景观放水、冲洗道路、冲厕，所以利用好雨水资源对于城市的建设和发展具有重要意义。

2020年12月11日，湖南雨创环保工程有限公司分别与湖南高新物业有限公司、长沙高新区市政园林环卫有限公司达成水权交易，成为我国第一起作为非常规水源的海绵城市雨水资源水权交易案例。

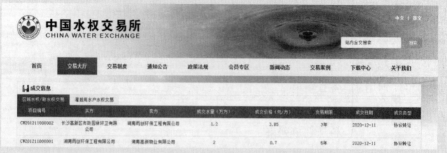

湖南雨创环保工程有限公司（简称公司）先以 0.7 元 /m³ 的价格从湖南高新物业有限公司购买雨水 2 万 m³，而后再以低于自来水价 20% 的价格将 1.2 万 m³ 雨水转让给长沙高新区市政园林环卫有限公司，用于园林绿化环卫作业喷洒浇灌。在交易的过程中，公司在确保雨水收集设施正常运行的同时，也要对收集回来的雨水水质进行检测。下一步，公司将完成余下 26 个点位的雨水收集，并同相应的物业单位达成雨水交易。长沙高新区海绵城市雨水资源资产化暨水权交易的顺利达成，为雨水资源集约、节约利用提供了成功的案例，为全国开展海绵城市建设提供了新的思路。

3.2.3 水资源费和水资源税

水资源费主要指对城市中取水的单位征收的费用，属于政府非税收入，全额纳入财政预算管理。水资源费征收、使用和管理接受财政、价格、审计部门和上级水行政部门的监督检查。

水资源费征收具体规定见《水资源费征收使用管理办法》。

水资源税，指国家对使用水资源征收的税种。

我国征收资源税的税目主要有原油、煤炭、天然气、其他非金属矿原矿、黑色金属矿原矿、有色金属矿原矿、盐等。这七个税目覆盖了大部分已知的矿产资源，但仍有许多自然资源未包括在内，如水资源、黄金、地热资源、森林资源等。

2016 年 5 月 10 日，财政部、国家税务总

水资源费征收通知文件

局联合对外发文《关于全面推进资源税改革的通知》（简称《通知》）（财税〔2016〕53号），宣布自2016年7月1日起我国全面推进资源税改革。根据《通知》，我国将开展水资源税改革试点工作，并率先在河北试点，采取水资源费改税方式，将地表水和地下水纳入征税范围，实行从量定额计征，对高耗水行业、超计划用水及在地下水超采地区取用地下水，适当提高税额标准，正常生产生活用水维持原有负担水平不变。《通知》还指出，对规定限额内的农业生产取用水，免征水资源税；对取用污水处理回用水、再生水等非常规水源，免征水资源税。在总结试点经验的基础上，财政部、国家税务总局将选择其他地区逐步扩大试点范围，条件成熟后在全国推广。

知识拓展4：湖南省《关于水资源费有关问题的通知》

《关于水资源费有关问题的通知》（湘发改价费〔2018〕683号）

一、水资源费征收范围和标准

凡在湖南省行政区划内利用水工程或者设施直接从江河、湖泊或者地下取用水的单位或个人，应当申请办理取水许可证，并缴纳水资源费，具体收费标准见表3-5。**下列情形无须缴纳水资源费。**

（一）农村集体经济组织及成员从本集体经济组织的水塘、水库中取用水的；

（二）家庭生活和畜禽饮用等每户每月取地表水180 m³以下或者地下水80 m³以下的；

（三）水利工程管理单位为配置或者调度水资源取水的；

（四）为保障矿井等地下工程施工安全和生产安全必须进行临时应急取用（排）水的；

（五）为消除对公共安全或者公共利益的危害临时应急取用水的；

（六）为农业抗旱和维护生态与环境必须临时应急取水的；

（七）法律、法规规定的其他情形。

二、强化依法取水

（一）无取水许可证取用水的，按实际取用水量的3倍征收。

（二）除水力发电企业、供水企业外，对取水单位或者个人取用水超过核定的年度取水计划部分，其水资源费实行超额累进加价征收：

（1）超过年度取水计划不满20%的部分，加收1倍的水资源费；

（2）超过年度取水计划 20%～40% 的部分，加收 2 倍的水资源费；

（3）超过年度取水计划 40% 以上的部分，加收 3 倍的水资源费。

（三）取用水单位或个人未按规定装置合格取水计量设施的，按照水工程设计最大取水能力或者取水设备额定流量全时程运行计算取水量。

（四）超采地区和严重超采地区取用地下水的水资源费征收标准按照非超采地区标准的 5 倍确定。

知识拓展5：湖南省水资源费征收标准

湖南省水资源费征收标准见表 3-5。

表3-5　湖南省水资源费征收标准

水源	取水用途	收费标准
地表水	工业取水	0.1元/m³
	生活取水	0.1元/m³
	城市公共供水取水	0.08元/m³
	水力发电取水	0.003元/（kW·h）
	火力发电贯流式冷却取水	0.003元/（kW·h）
	火力发电闭式循环取水	0.001元/（kW·h）
	特种行业取水（洗浴、高尔夫球场等）	0.2元/m³
地下水	城市公共供水取水	0.15元/m³
	地热水，用于制作矿泉水、纯净水取水	1.0元/m³
其他取水	城市供水管网覆盖区	0.7元/m³
	城市供水管网未覆盖区	0.2元/m³

注：1.因采矿和工程建设过程中破坏地下水层、发生地下水涌水而疏干排水的，按地下水水源中取水用途为其他取水的城市供水管网未覆盖区征收标准的20%征收。

2.漂流取用水，按其年营业收入的1%征收。

3.2.4　水价

水价，亦称供水价格，指供水经营者通过一定的工程设施，按政府规定或供、用水双方商定的标准，销售给用户使用的单位商品水的价格。

"阶梯水价"包括居民用水累进加价制度和城镇非居民用水超计划超定额累进加价制度，是对使用自来水实行分类计量收费和超定额累进加价制的俗称。"阶梯水价"充分发挥市场、价格因素在水资源配置、水需求调节等方面的作用，拓展了水价上调的空间，增强了企业和居民的节水意识，避免了水资源的浪费。阶梯式计量水价将水价分为两段或者多段，每一分段都有一个保持不变的单位水价，但是单位水价会随着耗水量分段而增加。

阶梯水价

以长沙市为例，阶梯水价采取"月定额+补差"方式，即根据核定的每月用水量及抄表周期天数计算抄表水量（见表3-6～表3-8）。

表3-6 长沙市阶梯水价表

人口	级别	用水量	水价（元）
四口之家及以下	第一阶梯	户用水量≤15 t	2.88
	第二阶梯	15 t<户用水量≤22 t	3.64
	第三阶梯	户用水量>22 t	4.39
五口之家及以上	第一阶梯	每人每月4 m³（含4 m³）	2.88
	第二阶梯	每人每月4～5 m³（含5 m³）	3.64
	第三阶梯	每人每月5 m³以上	4.39

表3-7 长沙市阶梯水价计算方法（四口之家及以下）

第一级阶梯式计量水价=第一级水价（2.88元）×第一级水量基数	
第二级阶梯式计量水价=第二级水价（2.88元+1.51元×50%=3.64元）×第二级水量基数	
第三级阶梯式计量水价=第三级水价（2.88元+1.51元=4.39元）×第三级水量基数	

表3-8 长沙市城区综合水价调整表 （单位：元/m³）

水价类型		适用范围	供水价格	污水处理费	水资源费	垃圾处理费	合计
居民生活用水		居家生活用水；学校教学和学生生活用水，不含其附属生产经营性用水；部队用水，不含其附属生产经营性用水；公益、公用事业（公园、环卫、绿化、消防、敬老院、养老院、社会福利院）用水	1.51	0.95	0.12	0.3	2.88
非居民生活用水	工业用水	各类工业生产、交通、邮电等企业用水；各类机关、部队、学校生产性等用水	2.37	1.4	0.12	0.3	4.19
	行政、经营用水	各类行政、事业单位用水；医疗单位用水；各类商店、商场、门店用水；机关、部队、学校等的营业性用水；文化、电影院、剧院、照相馆、游泳馆等用水；建筑施工用水；银行、证券、保险、期货业用水；宾馆、餐厅、招待所、洗染业等用水				0.64	4.53
特种用水		洗浴中心、足浴、桑拿、高尔夫球场及洗车行业等用水	5.64	1.4	0.12	0.31	7.47

2012年	2013年	2014年	2015年	2016年	2017年	2018年	2019年	2020年

年-月	自来水单价						污水处理		
	居民				非居民	特种行业	居民	非居民	特种行业
	第一阶梯	第二阶梯	第三阶梯	无阶梯					
2020-01	1.63	2.39	3.14		2.49	5.76	0.95	1.4	1.4
2020-02	1.63	2.39	3.14		2.49	5.76	0.95	1.4	1.4
2020-03	1.63	2.39	3.14		2.49	5.76	0.95	1.4	1.4
2020-04	1.63	2.39	3.14		2.49	5.76	0.95	1.4	1.4
2020-05	1.63	2.39	3.14		2.49	5.76	0.95	1.4	1.4
2020-06	1.63	2.39	3.14		2.49	5.76	0.95	1.4	1.4
2020-07	1.63	2.39	3.14		2.49	5.76	0.95	1.4	1.4
2020-08	1.63	2.39	3.14		2.49	5.76	0.95	1.4	1.4
2020-09	1.63	2.39	3.14		2.49	5.76	0.95	1.4	1.4

湖南省长沙市2020年水价（元/m³）（数据来源于中国水网——水价）

3.3 公众参与

　　我们每个人是数量最庞大的用水户中的一分子，在家庭和公共空间都是水的使用者和消耗者，水龙头也控制在我们手里。居民生活用水包含居民在家用水和公共空间用水，一般情况下居民在家用水约占70%，公共空间用水约占30%。湖南省居民生活用水总量占全省总用水量的9.5%左右，这部分水主要为自来水。

湖南省城镇居民生活每人每天的用水量约为150 L，所以，一个家庭、一个社区用水量累加起来也会很大。试想，如果每个人、每个家庭都有节约意识和良好的用水习惯，那我们就可以节约大量的自来水。生活用水的70%～80%最后都要变成污水，所以大家在节水的同时也减少了污水的排放，可为生态环境的改善和社会经济可持续发展做出自己的贡献。

公众参与节水活动

节约用水，人人有责，那么我们可以从哪些方面入手来争当"节水模范"呢？编者认为，公众节水可以从以下三个方面加以改进：

第一，提高节水意识；

第二，优先选择和正确使用节水型器具；

第三，养成良好的用水习惯。

3.3.1 提高节水意识

节水以社会公众的共同参与为前提和基础，只有唤起全社会爱水、惜水、节水的强烈意识，把节水活动变成全社会每个成员的实际行动，节水社会才有坚实基础。

节水宣传

节约用水 教育知识读物

为唤醒公众的节水意识，培育并强化社会公众节水意识、树立节水观念，激发全社会对节水型社会建设的积极性、主动性和创造性，形成全民珍惜水、爱护水、节约水的良好风尚，政府主导开展了形式多样的节水宣传。

3.3.1.1 节水宣传的"大日子"

为唤醒公众的节水意识，设立了专门的节水宣传期，分别是**世界水日**、**中国水周**，以及全国城市节约用水宣传周。

1. 世界水日

1977 年召开的"联合国水事会议"向全世界发出严重警告：水不久将成为一个深刻的社会危机，石油危机之后的下一个危机便是水。面对全球性水危机的出现，为了缓解世界范围内的水资源供需矛盾，1993 年 1 月 18 日，第四十七届联合国大会作出决议，确定**每年的 3 月 22 日为"世界水日"**。

水源污染来源

每年的3月22日是世界水日

世界水日

"世界水日"确定后，联合国提请各国政府根据自己的国情，在这一天开展一些广泛而且具体的宣传教育活动，唤起公众的节水意识，加强水资源保护，解决日益严峻的缺水问题。每年的世界水日都有着不同的主题。

2. 中国水周

1988 年《中华人民共和国水法》颁布后，水利部即确定每年的 7 月 1 日至 7 日为"中国水周"，考虑到"世界水日"与"中国水周"的主旨和内容基本相同，因此从 1994 **年开始，把"中国水周"的时间改为每年的 3 月 22 日至 28 日**，时间的重合，使宣传活动更加突出"世界水日"的主题。

"中国水周"同"世界水日"一样，每年都有不同的活动主题（见表 3-9），例如 2019 年"中国水周"的主题是"坚持节水优先，强化水资源管理"；2020 年的主题则是"坚持节水优先，建设幸福河湖"。

表3-9 历年"世界水日""中国水周"宣传主题

年份	"世界水日"宣传主题	"中国水周"宣传主题
1994	关心水资源是每一个人的责任	
1995	女性和水	
1996	为干渴的城市供水	依法治水，科学管水，强化节水
1997	水的短缺	水与发展
1998	地下水——正在不知不觉衰减的资源	依法治水——促进水资源可持续利用
1999	每人都生活在下游	江河治理是防洪之本
2000	卫生用水	加强节约和保护，实现水资源的可持续利用
2001	21世纪的水	建设节水型社会，实现可持续发展
2002	水为发展服务	以水资源的可持续利用支持经济社会的可持续发展
2003	未来之水	依法治水，实现水资源可持续利用
2004	水与灾害	人水和谐
2005	生命之水	保障饮水安全，维护生命健康
2006	水与文化	转变用水观念，创新发展模式
2007	应对水短缺	水利发展与和谐社会
2008	涉水卫生	发展水利，改善民生
2009	跨界水——共享的水、共享的机遇	落实科学发展观，节约保护水资源
2010	关注水质、抓住机遇、应对挑战	严格水资源管理，保障可持续发展
2011	应对都市化挑战	严格管理水资源，推进水利新跨越
2012	水与粮食安全	大力加强农田水利，保障国家粮食安全
2013	水合作	节约保护水资源，大力建设生态文明
2014	水与能源	加强河湖管理，建设水生态文明
2015	水与可持续发展	节约水资源，保障水安全
2016	水与就业	落实五大发展理念，推进最严格水资源管理
2017	废水	落实绿色发展理念，全面推行河长制
2018	借自然之力，护绿水青山	实施国家节水行动，建设节水型社会
2019	不让任何一个人掉队	坚持节水优先，强化水资源管理
2020	水与气候变化	坚持节水优先，建设幸福河湖

3. 全国城市节约用水宣传周

为了提高城市居民节水意识，从1992年开始，**每年5月15日所在的那一周为"全国城市节约用水宣传周"**，又叫节水周。节水周旨在动员广大市民共同关注水资源，营造全民节水、惜水、亲水的良好气氛，树立绿色文明意识、生态环境意识和可持续发展意识。以"全国城市节约用水宣传周"为契机，进一步督促地级及以上缺水城市完善节水管理制度，推进节水型城市建设；使广大市民在日常生活中养成良好的用水习惯，促进生态环境改善，人与水和谐发展，共同建设碧水家园。

节水日、节水周帮助我们给节水画上"重点标记"，帮助我们强化节水意识，但节水宣传并不只限于节水日、节水周等特殊时期，而是需要体现在日常生活的方方面面中，应将节水意识深入每个生活社区、生活环节。

3.3.1.2 节水宣传活动形式

在节水宣传日，协同新闻媒体进行专项新闻报道，通过大型纪录片、节水公益活动等，让节水进机关、进企业、进校园、进社区，以通俗、简洁的形式向观众普及新时期治水方针、节水思路、节水新科技等多种知识，并进行典型示范引导，让社会公众充分认识到节水的紧迫性和必要性。

各地节水宣传活动

随着新媒体的蓬勃发展，节水宣传可随时随地发生。通过公众号推文、抖音小视频、短视频大赛、节水知识竞赛等形式鼓励全民参与，倡导节水新思路、普及节水新做法。2020 年的"节水在身边"全国短视频大赛和湖南省的"节水优先，珍惜点滴"大中学生节水公益微视频大赛，受到社会广泛关注和欢迎。

2017年3月21日，全国节水办官微"节水护水在行动"正式上线，在"节水护水在行动"的微信公众号上有许多有趣的推文，例如《大米饭和牛仔裤背后的真相》《电影〈八佰〉喊你节约用水》《一杯水3 000美元？此事只应天上有》《看着剩下的半杯奶茶，忽然觉得它没那么香了》等。这些推文以幽默风趣的方式进行了知识科普，通过一则则小故事强化我们的节水意识。

全国短视频大赛、湖南省大中学生节水公益微视频大赛

3.3.1.3 节水宣传主管机构及节水标志

我们不仅有节水日、节水周，还有专门负责节水宣传的组织机构——全国节约用水办公室（简称"节水办"），主要负责拟订节约用水政策，组织编制并协调实施节约用水规划，组织指导计划用水、节约用水等工作，以及组织策划绿色的"手托水滴"国家节水标志。

全国节约用水办公室官网　　　　　　国家节水标志

知识拓展6：节水宣传标志的小秘密

2000年3月22日开始，我们有了宣传节水和对节水型产品进行标识的专用标志。绿色的圆形代表地球，象征节约用水是保护地球生态的重要措施。标志留白部分像一只手托起一滴水。手是拼音字母JS的变形，寓意节水，表示节水需要公众参与，鼓励人们从自己做起，人人动手节约每一滴水；手又像一条蜿蜒的河流，象征滴水汇成江河。手接着水珠，寓意接水，与节水音似，也意味着我们要像对待掌上明珠一样，珍惜每一滴水。

知识拓展7：节水护水优秀推文
——《大米饭和牛仔裤背后的真相》

2018年《中国城市餐饮食物浪费报告》中披露，中国餐饮业人均食物浪费量为每人每餐93 g，浪费率为11.7%。2019年的数据显示，我国粮食损失率高于15%，如果能降低一个百分点，就可以节约660万t粮食，也就意味着可以减少农业灌溉用水37亿t。从在餐桌上不浪费一碗饭开始，例如外出用餐时，如果吃不完可以与朋友分享一碗米饭，我们就可以用实际行动减少对水的浪费。所以，绝不能小看手边的一碗饭。同样一碗饭，省下和剩下可是截然不同的结果。而且日久天长，人多地广，积米成山，积水成渊，你数学那么好，你肯定懂的。

与2000年相比，消费者购买了更多的服装，但每件衣服的穿着周期却缩短了一半，这实际也是一种浪费水资源的潜在行为。因为生产棉花、制造衣服、运输服装，每个环节都涉及对水的消耗。就拿我们经常穿的牛仔裤为例，生产一条蓝色牛仔裤需要耗费3 480 L水，如果按成年人每天需摄入2 L水来计算，生产一条牛仔裤的耗水量足以满足一个成年人接近5年的饮水量。并不仅仅因为生产牛仔裤所需要的棉花量大，更是因为牛仔裤的"做旧"效果需要用很多化学原料来实现，而这些重金属原料会污染更多的水。不知道追求"水洗效果"的牛仔裤粉丝们，愿不愿意拿自己5年喝的水去制作一条牛仔裤？

在我们的日常生活中，很多我们以为与水无关的东西，其实都占用了想象不到的水资源量，了解这些，能更好地节约用水，保护水资源。物力维艰，来之不易，丰衣足食，成俭败奢，加法减法，君且三思共勉！该减肥时就少吃，你就不是最胖的，想"剁手"时慢出手，你就是那最棒的。

3.3.1.4　节水宣传场所

政府机关设立专门的**节水展览馆**。由于节水的广泛性和渗透性，许多与生态环境保护、气象水文海洋、各行业生产相关的*科普场馆*都有节水内容，这些场所为节水宣传教育提供了难得的实践基地。许多**水厂**会在特定的日期对公众开放，并开展供水分公司进社区服务等活动，通过参观制水工艺流程、观看水厂化验室工作人员现场检测水质，帮助大家了解水资源的珍贵，养成节约用水的习惯。

长沙市城市节约用水宣传周主题活动

知识拓展8：长沙节水展示厅你去了吗

长沙市水务局联合长沙水业集团有限公司开办了首家长沙节水展示厅，设立于长沙供水有限公司第二制水分公司（长沙市岳麓区平塘镇连山村内）原维修车间，总建筑面积为 175 m^2，于 2015 年 3 月 22 日正式对外开放。展厅以"寻水溯源""星城治水""识水节流""长沙供水"等六部分内容对水的起源、水文化知识、水资源现状、长沙水生态治理、节水常识等进行一一介绍，并配以节水器具展示、节水答题、节水视频播放等互动环节，让观众更直观地了解水资源的珍贵和具体的节水办法，从而呼吁大家珍惜水资源，节约水资源，从现在开始，从点滴做起。每年的节水宣传日，市民可不定期预约参观。

学生参观长沙节水展示厅

2020 年，湖南省水利厅机关幼儿园节水科技馆建成，可预约参观。

2020 年 6 月，湖南省水利科普展示中心正式落成并对外开放。展示中心设立在湖南省水利厅防汛大楼一楼，面积近 400 m²，配备有多种先进设备，是集音、视、屏为一体的现代化展示平台。民众可凭身份证免费参观，开放时间为每天 8:30 ～ 18:00。

3.3.1.5 节水从娃娃抓起——校园节水宣传

校园节水宣传是播种种子，最后能形成参天大树，节水效果立竿见影。学生们不仅获取了节水知识，也成为了节水宣传者，可以将节水理念分享给家人和朋友。

节水知识宣传

知识拓展9：校园节水宣传案例

1. 借政府和企业之力开展节水宣传

2020 年 8 月，湖南省水利厅联合湖南省教育厅举办了全省小学生"节水护水"主题征文及书画作品征集活动。活动面向全省在校小学生，要求围绕"节水护水，从点滴做起"这一主题进行创作，全省各地的小学生纷纷踊跃投稿。政府部门组织的"节水护水"活动，充分体现了党和国家对节水护水的高度重视，可以给广大青少年提供更多节水护水方面的政策性支持和指导。2020 年"中国水周"期间，亚欧水资源研究和利用中心、湖南先导洋湖再生水有限公司等在长沙举办了"世界水日 创新引领"——"爱水·节水·惜水·护水"主题科普教育及志愿者服务活动。企业所拥有的先进技术可以让青少年及社会人士对未来的节水有更好的了解。

　　湖南省娄底市娄星区开展了"守护一江碧水娃娃工程"，通过组织策划"小河长体验营"和"世界水日""中国水周"进校园等专题活动，让孩子们形成"保护母亲河、爱护水资源"的意识。2020年暑假，娄底一小的同学们就参加了由娄底市生态环境局、娄星区河长办、娄底市环保志愿者协会组织的"小河长体验营"活动。同学们步行走访孙水河，学习水源地保护条例，了解孙水河故事。活动组织者通过"自来水净化游戏""水质监测小实验"等方式寓教于乐，实地告诉孩子们如何去保护我们的母亲河。

小学生参加"小河长体验营"活动

2. 利用好全民节水校园行活动

　　从2011年开始，湖南省就发起了全民节水公益活动，让节约用水的知识和理念走进企业，走进社区，走进学校，让越来越多的人认识到节水的重要性。2018年湖南全民节水校园行活动在湖南第一师范金桥实验小学举行。

节水校园行活动

通过此次节水进校园活动，同学们在一系列活动中学知识、看行动，纷纷倡议节约用水，宣传科学用水。

　　除节水宣传进校园外，学校也可以组织同学们主动走进水情教育基地、节水展厅参观学习。

3. 积极参与节水型校园创建

　　目前许多学校都在参与节水型校园建设，例如湖南农业大学等学校，一方面配备节水器具和水电远程节能监控平台，建设硬核节水设施；另一方面则致力于提高师生节水意识和培养师生节水习惯，利用校园文化艺术活动、专题讲座、宣传横幅等方式，多渠道、多形式开展宣传教育，并且还在教学、科研、办公场所张贴节水海报，营造氛围、动员广大师生员工积极参与到节水的活动中来。通过开展节水爱水宣传、组织节水课堂、教授节水妙招等形式，有效增强了学生们节约保护水资源的意识，并通过他们示范影响和带动家庭成员，助推全社会形成节水护水爱水的良好社会风尚。

3.3.2 如何选择节水器具

生活中常用的用水器具主要包含水龙头、便器及便器系统、淋浴器（含花洒）、家用洗衣机、家用洗碗机等产品。

3.3.2.1 节水型水龙头

水龙头的类型很多，在不同场所应使用不同式样的水龙头。根据控制形式有手控式、脚（踏）控式、非接触控制（如红外线、电动阀门等）、自动延时关闭、自动限制流量、无水关闭、自动恒温及插卡收费等多种形式的水龙头。目前家用最常见的是单柄双控陶瓷芯水龙头（原理相同、形式多样），可以通过单手柄控制冷水和热水，且使用寿命和漏损情况远优于老式水龙头。

老式水龙头（淘汰产品）　　　　单柄双控陶瓷芯水龙头

除此之外，还不断有新的技术（如感应式、艺术式等）应用于节水型水龙头的设计和生产之中，让水龙头不仅更节水，还更舒适、方便、卫生、美观，更有科技含量甚至时尚气息。

根据我国国家标准《水嘴水效限定值及水效等级》（GB 25501—2019），对水龙头出水流量进行了限定，将水嘴用水效率限定值分为三级：水龙头出水流量不得大于 0.150 L/s，否则为不合格产品；水龙头出水流量不大于 0.125 L/s 的，认定为 2 级节水型水龙头；水龙头出水流量不大于 0.100 L/s 的，认定为 1 级节水型水龙头（见表 3-10）。

表3-10　水龙头的节水效率等级标准

用水效率等级	1级	2级	3级
流量（L/s）	$Q \leqslant 0.100$	$0.100 < Q \leqslant 0.125$	$0.125 < Q \leqslant 0.150$

按水龙头出水流量计算，若在生活中多开1 min水龙头，就会耗掉自来水6～9 L。

节水型龙头多是在节水器具上加入特制的起泡器，水不会飞溅，节水的同时，带气泡的有氧水流冲刷力和舒适度都比较好。购买时可以先试水检测，看水流是否呈现出气泡。还要考虑它与卫浴洁具的搭配，看型号是否对口。

节水型水龙头

3.3.2.2 节水型便器

现代家庭卫生器具主要为抽水马桶，现代抽水马桶是由便器、水箱与冲洗水阀组合而成的便器冲水装置，也称为卫生间便器系统，按使用方式分为坐便器、蹲便器和小便器。有测算表明，马桶耗水量一般占家庭用水量的30%左右，是最大的用水器具。因此，让马桶更节水，是节水型器具研究和推广的重点。

根据国家质量监督检验检疫总局和国家标准化管理委员会发布的《节水型卫生洁具》（GB/T 31436—2015）规定，节水型坐便器平均用水量应不大于5 L；高效节水型坐便器平均用水量不大于4 L。节水型蹲便器大档冲洗用水量不大于6 L，小档冲洗用水量不大于标称大档用水量的70%；高效节水型蹲便器大档冲洗用水量不大于5 L。不符合这些强制性标准的产品将不允许出售。便器的水效等级指标见表3-11。

表3-11　便器的水效等级指标

分类	名义用水量（L/次）	最大用水量（L/次）
节水型坐便器	≤5.0	≤6.0
高效节水型坐便器	≤4.0	≤5.0
节水型蹲便器	≤6.0	≤7.0
高效节水型蹲便器	≤5.0	≤6.0
节水型小便器	≤3.0	
高效节水型小便器	≤1.9	

《坐便器水效限定值及水效等级》（GB 25502—2017）规定，**坐便器的水效等级分为3级，其中3级水效最低，已属于淘汰类产品。**各等级的坐便器用水量应符合表3-12规定。市售的节水型便器都贴有"中国水效标识"，在选购便器时应尽量选择 I 级或更高水效的产品。

表3-12 坐便器水效等级指标

坐便器水效等级	1级	2级	3级
坐便器平均用水量（L/次）	≤4.0	≤5.0	≤6.4
双冲坐便器全冲用水量（L/次）	≤5.0	≤6.0	≤8.0

注：每个水效等级中双冲坐便器的半冲平均用水量不大于其全冲用水量最大限定值的70%。

1级水效标识

2级水效标识

常见的卫生间节水器具有以下几种：节水型坐便器（如虹吸式、冲落式和冲洗虹吸式、喷射式等）、感应式坐便器、改进型低位冲洗水箱、改进型高位冲洗水箱、免冲式小便器、感应式小便器。

随着卫生器具技术的发展，马桶节水技术也飞速发展。例如，**在飞机或高铁上使用了真空技术，冲洗一次只需要不到1 L水；**家用的冲水马桶出现了智能喷射式类型，一次冲水3 L，可有效节水，免冲式便器也有应用。可见，随着人们节水意识的提高、节水技术的发展，特别是经济水平的提高，还会有越来越多的新型节水马桶走进家庭生活，像智能马桶盖一样，让人们的生活更加舒适和健康。

3.3.2.3 节水型淋浴花洒

淋浴花洒是家庭另一个主要用水器具。随着人们洗浴次数和时间的增长，淋浴花洒用水量也越来越多。《节水型卫生洁具》（GB/T 31436—2015）还对节水型淋浴花洒按流量进行了分级，共分为三级，Ⅰ级节水性能最好，Ⅱ级次之，Ⅲ级为基本要求（见表3-13），并要求将流量等级在产品明显部位标明，且应该为永久标识。

表3-13　淋浴花洒流量要求　　　　　（单位：L/s）

流量等级	动压0.10 MPa时	动压0.30 MPa时
Ⅰ级	$Q_1 \leqslant 0.10$	$Q_2 \leqslant 0.12$
Ⅱ级	$Q_1 \leqslant 0.12$	$Q_2 \leqslant 0.15$
Ⅲ级	$Q_1 \leqslant 0.15$	$Q_2 \leqslant 0.20$

节水型淋浴花洒节水的关键是节水喷头，它由节流阀、球形接头、喷孔、裙嘴等组成。节流阀的作用是减小和切断水流；球形接头的作用是改变喷头方向；喷孔的作用是减小水流量并形成小股喷射，在各配件的合作下，形成"水花"状水流喷射而出。先进的喷头运用流体力学原理，将水的压能转化为动能，又从外部引入空气和水混合，减少了水的流量，出水时形成强大的加氧后的水流，同时实现了淋浴的舒适和节水。经测算，这样的花洒与常规花洒比，可节水约35%，但是又不会带来水量小的感觉，相同水流的冲击下，还起到按摩肌肤的作用。

不同节水效果的家用花洒

此外，触控式开关的淋浴器具可以实现间断放水，达到节水的效果。

3.3.2.4 节水型家电

家庭常用的其他节水器具还包括节水型洗衣机、洗碗机、各种面盆、净身器等。《节水型卫生洁具》（GB/T 31436—2015）同时对陶瓷片密封水嘴的节水性能和水嘴流量范围有了规定，具体而言，面盆、净身器、洗涤器水嘴流量在2.0～7.5 L/min，淋浴水嘴流量在12.0～15.0 L/min。

国家节水标准日益严格，企业已经不能生产非节水型器具了。老百姓只要到正规的商场、超市或建材市场，都可以、甚至是只能买到节水型器具。人们可以根据自己的经济水平、个人喜好等实际情况来选购节水产品，如坐便器这类产品在能冲干净的基础上自然是越节水越好。但类似于花洒和水龙头等产品，还是要看个人的喜好，有的人喜欢用大花洒洗澡，对于这类消费者，最节水的方式可能还是提高热水器的效率，以及普及恒温热水器，这样才能达到节水的效果，避免浪费。

知识拓展10：洗衣机节水

洗衣机用水占到家庭全部用水的近三分之一，一般普通洗衣机洗一次衣服用水多在 150～180 L，目前我国城市洗衣机社会保有量约 2.1 亿台，以每周使用 2 次计，全部洗衣机每年耗水量至少 35 亿 m^3。如果把这些洗衣机全部换成节水洗衣机，一年大约能节约出 30 多个大型水库的水量（库容 1 亿 m^3 以上的水库为大型水库），按长沙市目前 240 万 m^3/d 自来水供应量计算，可供长沙市民生产生活近 4 年。

3.3.2.5　家用洁具，你选对了吗

水龙头、花洒、马桶，都是日常生活中常见的用水器具。2018 年 3 月 1 日，我国《水效标识管理办法》正式实施，和目前家电产品上所贴的"能效等级"标识相类似，**水效标识是一个用来表示产品的水效等级、用水量性能指标的信息标签**。在目前的产品水效标准体系中，产品水效分为 3 级或 5 级，其中水效 1 级用水量最少、水效最高，3 级或 5 级则是产品水效的市场准入值。

家用洁具节水宣传

3.3.3　良好的用水习惯

在日常生活中，我们应以"一水多用"和"按需取用"的原则节约用水。下面根据这两个原则介绍一些节约用水的妙招。

3.3.3.1　节水万能招

（1）调整自来水阀门开关，控制流量，减小入户水压。

（2）养成有意拧小水龙头的习惯。

（3）水龙头随开随关，出门前、临睡前仔细检查水龙头、水管、马桶等用水器具是否完好，如有漏水及时更换。

（4）准备一只大水桶，用来收集日常生活中的废水，并用于他用，养成一水多用的习惯。

3.3.3.2　厨房用水节约招

（1）淘米洗菜：洗菜时用盆洗，不要连续开着水龙头冲洗；用淘米水洗菜，再用清水清洗，不仅节约了水，还有效地清除了蔬菜上的残存农药。

（2）洗碗：吃完饭先用抹布清理碗中油污，用淘米水清洗，再用清水洗净。这样做既节省了水，又减少进入下水道的油污。

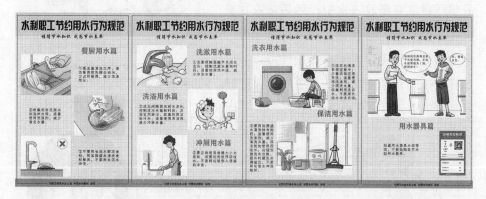

水利职工节约用水行为规范

3.3.3.3　清洁用水节约招

（1）洗手：开小水沾湿手→关闭水龙头→涂抹肥皂→双手搓揉→开小水冲洗→关紧水龙头（特殊事情除外，如新冠疫情期间）。

（2）刷牙：先把牙刷浸湿，用盛水杯装水，短时冲刷。

（3）洗脸：用脸盆接水清洗，控制水量约 1/3 盆，并减少冲洗时间。

节约用水 教育知识读物

刷牙

洗脸

（4）洗澡：多用喷头淋浴，少用或不用盆浴。淋浴采用低流量节水花洒，应避免过长时间冲淋，及时关闭龙头搓洗，且淋浴时间不要太长。将预热所放出的凉水留存起来用于其他清洗或者浇花等。

（5）洗衣：提前浸泡。正式洗涤前，先将适量洗涤剂放入水中，然后将衣物放在水中浸泡一会儿，让洗涤剂对衣服上的污垢起作用后再洗涤，这样可以减少洗涤时间和漂洗次数，清洁效果也更好。同时采用节水型洗衣机，洗衣时衣物量适中，尽量用中低挡洗涤。

洗澡

洗衣服

少量衣服用手洗

（6）拖地：用拖把擦洗，并用桶盛水清洗拖把，减少直接冲洗时间。

（7）冲厕所：做好废水利用，如用洗菜水、洗澡水、洗手池废水等冲厕所。首选小水冲洗。

洗拖把要用桶盛水清洗。

用洗菜水、洗澡水、洗手池废水等冲厕所可以节约水。

拖地　　　　　　　　　　　　冲厕所

3.3.3.4　饮用水节约招

喝剩的茶水和矿泉水用来浇花；外出自带水杯或容量小的瓶装水。

外出游玩最好自带水杯。

外出游玩自带水杯

3.3.3.5　人人争当节水小卫士

节约用水需要我们每一个人从身边的小事做起，在日常生活和公共生活用水过程中自觉爱护、节约水资源；同时对别人用水情况有监督的责任和义务。

看到没有关闭的水龙头，随手关闭；遇到漏水的用水器具，向相关部门

节约用水 教育知识读物

报告，及时止漏……举手之劳间，节约美德就养成了。

循环用水

淘米
洗菜
涮拖把
冲马桶

循环用水

知识拓展11：不良的用水行为和习惯

（1）用水时将水龙头开到最大。

（2）用长流水洗脸、刷牙、洗手。

用水时将水龙头开到最大

用长流水洗脸

（3）洗手、洗脸、刷牙动作缓慢，漫不经心。

（4）边洗漱，边听音乐、聊天、唱歌，过长时间不间断放水淋浴。

（5）用长流水解冻冰冻食品。

边刷牙边听音乐

用长流水解冻冰冻食品

（6）用长流水洗碗洗菜。

（7）玩耗水游戏。

用长流水洗碗

玩耗水游戏

（8）大便时不断（多次）开水箱冲水。

（9）不随手关闭水龙头。

不随手关闭水龙头

（10）随意丢弃没喝完的瓶装水。

（11）过量使用洗衣液、洗手液洗衣、洗手。

（12）洗衣时不将衣物拧干脱去污水后再进行漂洗，打开水龙头长流水漂洗。

（13）将面纸、烟头等垃圾丢入抽水马桶。

（14）不注意使用马桶按键，小便时用大便量按钮。

将面纸、烟头等垃圾丢入抽水马桶

（15）少量小件衣物从不用手清洗，而是用洗衣机洗。

节约用水 教育知识读物

3.3.4　个人和家庭节水潜力分析

居民家庭用水主要包括日常洗漱、洗衣、洗澡、冲厕、厨房用水等，用水量大致构成见下图。

家庭用水各用水量

我们测算了不同用水方式的用水量，统计了各生活用水项目的节水潜力（见表3-14）。

表3-14　不同用水习惯用水量对比

用水行为	用水方式	用水量	节水效果	说明
洗脸	长流水	14~21 L（平均17.5 L）	13.5 L/（人·次）	1.水龙头前5 min出水量为6~8 L，平均为7 L。 2.每次洗脸时间为2~3 min。 3.每次盆洗水量为4 L
	洗脸盆+毛巾	4 L		
刷牙	长流水	14~28 L（平均21 L）	20 L/（人·次）	1.每次刷牙时间为2~4 min。 2.水杯接水为3杯
	水杯接水	1 L		
洗澡	长流水	120 L	60 L/（人·次）	1.每次洗澡时间为5~10 min。 2.淋浴花洒水量按12 L/min估算
	冲湿+沐浴液+清洗（从上至下）	60 L		
厨房洗菜、洗碗	长流水盆洗	35 L	20 L/（家·次）	1.洗涤之前先择好菜。 2.长流水，洗菜时间为5 min。 3.盆洗3次，每次水量按5 L估算
	盆洗	15 L		
家庭冲厕	普通冲水马桶	9~12 L	6 L/（人·次）	1.每人每天按平均冲厕5次计算
	节水型马桶	3~6 L		

用水行为	用水方式	用水量	节水效果	说明
洗衣	高挡洗涤	160 L	55 L/（家·次）	1.水位按高中低3档区分，用水量分别为160 L、130 L、80 L。
	中低挡洗涤	130~80 L（平均105 L）		2.集中洗涤，提前浸泡，分类洗涤

根据表3-14，可对采用节约用水习惯后的三口之家进行节水潜力分析，节水效果见表3-15。

表3-15　三口之家节水效果估算

用水行为	节水效果	三口之家节水总计	说明
洗脸	13.5 L/（人·次）	40.5×3=121.5（L/d）	每人每天洗脸按3次计算
刷牙	20 L/（人·次）	60×2=120（L/d）	每人每天刷牙按2次计算
洗澡	60 L/（人·次）	60×3×3=540（L/周）（平均每天77 L）	每人按2天1次计算，每周按3次计算
厨房用水	20 L/（家·次）	20×3=60（L/d）	每天按用水3次计算
家庭冲厕	6 L/（人·次）	6×5×3=90（L/d）	每人每天按5次计算
洗衣	55 L/（家·次）	55×2=110（L/周）（平均每天16 L）	一年四季，平均每周按2次计算
合计		484.5 L/d	

长流水（2~3 min）	洗漱盆＋毛巾	节水效果
14~21 L/（人·次）	4 L/（人·次）	13.5 L/（人·次）

YES ✔

节　水 121.5 L/d，3 650 L/月（50%~60% 不 关水龙头）
新型感应水龙头节水35%~50%

（a）洗脸

长流水（2~4 min）	水杯接水	节水效果
14~28 L/（人·次）	3 杯 （1 L/次）	20 L/（人·次）

2 次/（人·d）
节水 120 L/d，月节水 3.6 t
（长流水刷牙 70%）

（b）刷牙

长流水淋浴	冲湿＋沐浴液＋清洗	新型淋浴喷头
120 L/次 （美国）	60 L/次	40%~50%

0.5 次/（人·d）
节水 77 L/d，年节水约
26 t（长流水 70%）

（c）洗澡

老型号蹲厕	双键 标准水箱抽水马桶	节水效果
9~12 L/（人·次）	3~6 L/（人·次）	6 L/（人·次）

15 次/（d·户）
节水 2.7 t月
减排 2.7 t月

（d）冲厕

三口之家节水效果

3.4 行业发力

3.4.1 工业节水

3.4.1.1 水是工业的血液

水在工业生产中有多种用途，可作为传递热量的介质，也可以是工艺过程的溶剂、洗涤剂、吸收剂、萃取剂，还可用作生产原料或反应物质的反应介质。因此，工业节水减排，势在必行。

我国工业取水量占全社会总取水量的1/4左右，其中火电（含直流冷却发电）、钢铁、纺织、造纸、石化和化工、食品和发酵等高用水行业取水量占工业取水量的50%左右，属于高耗水行业，因此节水也是企业社会责任的重要内容。

3.4.1.2 工业节水途径

工业节水途径　　　　　　　技术性节水

水在工业中的主要用途包括生产过程中的冷却降温、锅炉用水、原料用水及处理和洗涤产品，其中以冷却降温用水量最多，占工业用水量的60%以上。节水技术改造主要包括工艺改造、冷却水和冷凝水的回收利用、中水回用等。

对于工业节水，技术性节水是关键，管理性节水是基础。通过完善管理制度，进行工业用水水平衡测试，逐步实现工业节水。

节水技术改造主要包括冷却水和冷凝水的回收利用、节水型生产工艺改造等。

节约用水 教育知识读物

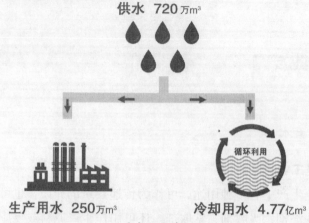

供水 720万m³

生产用水 250万m³

循环利用

冷却用水 4.77亿m³

冷却用水情况

1. 冷却水的回收利用

工业冷却水中的大部分是间接冷却水，间接冷却水在生产过程中作为热量的载体，不与被冷却的物料直接接触，使用后一般除水温升高外，较少受污染，不需较复杂的净化处理或者无须处理，经冷却降温后即可重新使用。因此，实行冷却水尤其是间接冷却水的循环利用、提高冷却水的循环利用率应成为工业节水的一个重点。

2. 冷凝水的回收利用

冷凝水是指锅炉产生的高温蒸汽在经过用汽部位后及在输汽管道中部分凝结成的水，这部分水的水质较好，符合锅炉用软化水的水质标准，可重新注入锅炉使用，将节省大量软化水，同时这部分水水温较高，为80～100 ℃，及时地将其重复利用，能节省大量的煤、电、气等能源，具有较高的经济效益。

因此，技术改造中多采用密闭式冷凝水回收系统，实现高效、高温、密闭回收蒸汽冷凝水的目的。回收冷凝水经济价值较高，在一次性投资之后，一般在近期内就可回收全部投资，所以有着明显的经济效益和社会效益。

3. 节水型生产工艺改造

要实现工业取水量的进一步降低就必须进行工艺节水，即开发节水型生产工艺，这是比节水技术改造高一个层次的工业节水。工业企业可根据行业特征、用水特点，开发、研制不同的节水型生产工艺，如钢厂、电厂的干法除尘技术、钢厂的干法熄焦技术、味精生产中的一步冷冻法提取谷氨酸、罐头生产中的节水罐装技术和高逆流螺旋式冷却工艺等，可以实现用水点减少或用水量减少，达到节水的目的。我国重点行业用水及节水情况见表3-16。

表3-16　我国工业重点行业用水及节水情况

行业	耗水量及排污情况	新技术	节水情况
火力发电厂、钢厂冷轧、石化制药	工业冷却用水量占工业用水量的60%以上	工业冷却水处理领域利用DTRO平板膜过滤技术、高压静电处理技术、强电磁场水处理技术、电解水处理技术、综合离子膜电解循环水处理技术	大幅度降低了化学药剂的使用量和污水排放量，达到一定的节水节能减污的效果
纺织工业	每年总耗水量约21亿m³，其中涤纶化纤染色耗水16亿m³，排放大量的高COD、高盐污水	涤纶化纤无水印染技术是采用自主研发的纳米涂料，结合循环均匀喷淋、红外线预烘、封闭式高温固色工艺，完成染料的上染	每吨织物染色综合水耗上限为140 m³，该技术每吨织物染色综合水耗仅0.5 m³，节水减污效果十分显著
采矿与矿产加工	选矿和冶炼大部分采用湿法工艺，在水中加入大量的有害药剂，将有用成分溶解析出，排出大量有毒污水和污泥	采用纳米半导体电解技术、微孔纳米光催化技术、PE钢化微孔膜过滤技术、超声波雾化技术，与传统选矿工艺有机融合，研制成功黄金湿法选矿节水减污新工艺	在日处理矿石300 t（日耗水量2 400 m³）的金矿选矿厂应用，实现选矿工艺水循环利用，尾矿达标干排（结晶水含水率<20%），每天节水量超过2 000 m³
煤炭	70%煤矿产区严重缺水，开采1 t煤需要用水2 m³，每年煤矿矿井水排放量45亿m³，水资源浪费严重	磁分离水处理技术、DTRO平板膜技术、PE钢化微孔膜过滤技术都在煤炭矿井水处理中得到应用，利用DTRO平板膜技术与高盐浓缩和自诱导结晶技术相结合，形成"双晶种法零排放"工艺技术	实现了矿井水零排放，水处理成本大幅度降低

知识拓展12：巴陵石化节水案例

巴陵石化是岳阳工业的典型代表。2014年，公司投资238万元，建成常压干式空气冷却系统，每天节约除盐水用量约100 t。在炼油装置的烟气脱硫系统和循环水场设计中，炼油装置将催化系统产生的酸性水通过汽提塔反应，并与苯乙烯装置产生的凝结水一并进行回炼，可以确保每小时35 t用水，大大节约了两个系统所需要的新鲜水用量。2017年，开展两次埋地循环水管线挖掘，在地下6 m的深度发现了循环水主管上两个大漏点，成功堵住漏点后，炼油装置取水量下降约500 t/d，节水效果显著。自2016年以来，己内酰胺部下大力气开展节水减排工作，成效显著。2020年底，年耗水量创历史新低，与4年前相比，每年可实现节水减排110万 t，创造经济效益1 100万元以上。

4.中水回用

城市工业取水水源主要有**自来水、地下水和地表水**，近年来以**再生水**为主的其他水源被列入取水水源范围。由于工业产业结构的调整和用（节）水水平的提高，以及以城市再生水厂为代表的城市污水资源化工程在各地的推广，城市工业的地表水和地下水取水量逐年下降，城市工业取水量中其他水源的取用比例逐渐提高，即再生水被越来越多地作为工业用水。

再生水工业回用的主要对象是冷却用水和工艺的低质用水（洗涤、冲灰、除尘等），再生水取代常规水源作为冷却水源的比例越来越大。

工业废水的处理回用是重要的节水途径之一，可涉及冷却、除灰、循环水、热力等系统。目前，大多数企业都有污水处理厂，但仅限于将生产废水和生活污水处理达标后直接排放，只有少数企业能做到废水处理回用，但回用率不高，造成了水资源的严重浪费。因此，将工业企业的污、废水处理回用，特别是回用于生产过程，是大有潜力可挖的。

■ –火电厂主要包括：
    -给水系统
    -冷却水系统
    -补水系统

火电厂的汽水系统

在企业生产运行中，根据各工序生产对水质的不同要求，可以最大限度地实现**水的串联使用**，使各工序各取所需，做到**水的梯级使用**，从而减少取水量，实现污水排放量的最小化；也可以针对污、废水的不同性质采取不同的水处理方法，回用于不同的生产步骤，从而减少新鲜水的取水量、降低污水的排放量。

废水处理回用蕴含的节水潜力很大。交通运输设备制造业，可将含油废水、电泳废水、切削液废水及清洗液废水等处理，**回用于绿化、生活杂用及生产**。石油化工行业在有机生产过程中，可考虑将蒸汽冷凝水回收利用，作为**循环系统的补水**。纺织印染行业是用水量较大的工业行业，可以采用将生产过程中不同生产工序排放的废水通过处理后再回用于本工序，也可将全部废水集中处理后，全部回用或部分回用。

工业用水基本情况

工业用水主要包括冷却用水、热力和工艺用水、洗涤用水。其中工业冷却用水量占工业用水总量的60%以上，取水量占工业取水总量的30%~40%。火力发电、钢铁、石油、石化、化工、造纸、纺织、有色金属、食品与发酵等九个行业取水量约占全国工业取水量的60%（含火力发电直流冷却用水）。

企业节水小窍门

高效节水：
● 实行清洁生产，使用节水型技术或工艺，合理进行生产布局，减少用水需求，提高水的重复利用率。

达标排水：
●针对不同行业污水排放特点，采用相适应的污水处理技术或处理方式，确保达标排放。

循环用水：
●不同企业及同一企业的不同用水单元，可根据对水量、水质、水温的不同要求，形成企业内部的水循环和企业的水循环。
●加强雨水、再生水、淡化海水等非常规水资源的利用，形成企业内部的水循环和企业间的水循环。

工业用水和企业节水

知识拓展13：湖南华菱湘潭钢铁有限公司节水案例

湖南华菱湘潭钢铁有限公司位于湘江东畔，和人们脑海中传统的钢铁企业不同，这里犹如一座公园，花草树木环绕四周，耳边不时传来阵阵鸟语。

2008～2018年，湖南华菱湘潭钢铁有限公司先后投入4.564 1亿元，对公司的用水和排水系统进行了改造，目前有37个水站，68个水循环系统，循环水量19.38万 m^3/h，实现了工业废水的全部处理。2019年实现中水回用量3 561万 m^3，水循环利用率达97%。2019年，每吨钢取水量是2.14 t，而2008年，每吨钢需水量为13 t。

节约用水
教育知识读物

3.4.1.3 创建节水型工业园区

集约化的工业园区是工业主要的布局型式，园区内聚集大量工业企业。工业园区按其批准部门可分为国家级工业园区和省级工业园区，按工业企业群生产性质，又可分为专业性工业园区和综合性工业园区。截至 2019 年，湖南省共有省级以上工业园区 143 个。其中国家级工业园区 21 个（含国家级经济技术开发区、高新技术产业开发区、保税区、出口加工区），省级产业园区 122 个。

工业园区水资源量消耗大，相对于单个企业，其用水情况

节水型工业园区

更便于管理，是具有代表性的节水载体。因此，在以往单个节水型企业建设的基础上，从园区整体角度出发，全面、系统地实施节水工作，提高水资源利用效率和效益，效率更高也更为重要。在节水型工业园区建设过程中，考核指标和评价标准的确定十分关键，合理的评价标准对节水型社会建设起着引领和促进的作用。

知识拓展14：双峰海螺水泥有限公司节水案例

双峰海螺水泥有限公司于 2002 年 12 月 30 日注册成立，主要产品为商品熟料和硅酸盐水泥。公司主要用水分为生产用水和生活用水两个主要环节，包括生产设备循环冷却水系统、余热发电厂循环冷却水系统、生活用水系统、消防供水系统等，主要用水设备有供给水管网、循环水管网、消防水管网、循环水池、锅炉、换热冷却器、冷却塔等，具体内容见表 3-17。

2019 年共计节约用水 94 万 t，节约水费 65 万元，通过自行污水处理器设备每年处理污水约 5 万 t，节约污水处理费用 5 万元；通过中水处理设备每年可节约用水 10 万 t，节约水费 7 万元。

表3-17　双峰海螺水泥有限公司节水介绍

节水设备	节水方式及效果
污泥脱水设备	将原生产用水及生活用水过滤器排放的污泥水进行处理后，清水排入自建蓄水池，用于生产循环用水，泥饼用于生产原材料，做到零浪费

中水处理系统设备及旁滤系统设备	将余热发电循环水池排污水进行处理后回收利用，再补入发电循环水池，既降低了污水排放量，又降低了发电系统用水量。系统产生的浓水用于立磨喷水及石灰石堆场喷洒降尘，做到废水零排放
	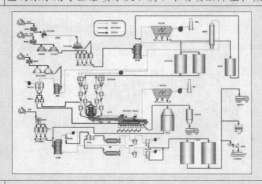
地埋式污水处理器	食堂油污水通过污水处理器进行集中处理后，用于绿化区域喷洒灌溉

改造生活用水水泵，增加水泵变频自动控制系统	减少水资源浪费、降低电能消耗，优化经济技术指标，降低生产成本

续表

节水设备	节水方式及效果
雨污分流系统	对地表雨水通过建立沉沙池进行沉淀后统一流入自建蓄水池收集，水池里的水可作为生产循环用水。年收集回收利用雨水量约为100万t，降低了用水消耗

知识拓展15：你知道什么叫再生水吗

再生水是指污水和废水经净化处理，水质改善至一定标准后，满足某种使用要求或可在一定范围内使用的非饮用水。**再生水可以作为农牧渔业用水、城市杂用水、工业用水、环境用水等，可用于城市景观环境、园林绿化、厕所冲洗、道路清洗、车辆冲洗、建筑施工、工业生产等各方面。**

再生水是由中水演化而来的。"中水"一词最初来源于日本，当时在建筑中水有上水和下水之分，**上水**是指用于生活（饮用、盥洗）的自来水，**下水**是指使用过后的污水，为节约水资源，日本将污水处理至一定的水质标准后，使用专门管道来代替自来水用以冲厕。因此，这种水质介于上水（自来水）和下水（污水）之间，故称为**中水**。相应的管道也就称为中水管道。随着社会的发展，污水资源化利用日益广泛，中水定义也在不断扩展，中水不再指经处理后用于冲厕的回用水，凡是经处理再回用的水均可称为中水，并形成了"大中水"和"小中水"。**"大中水"**是指城市污水处理厂经深度处理后的出水，**"小中水"**是指建筑（小区）再生水，是用多个分散的小型污水处理厂（站）来替代集中的大污水处理厂，就地处理后再生用作非饮用水。

3.4.2 农业节水

农业是用水大户，占我国总用水量的60%左右，农业节水大有可为。

湖南是农业大省，是全国13大粮食主产区之一，在全国具有重要地位。2016年，湖南省总耕地面积为41.487 6 km²，占当年全国总耕地面积的3.1%；全省粮食总产量3 002.9万t，占全国粮食作物总产量的4.8%。水安全决定着粮食安全，那么，怎样搞好农业节水呢？

3.4.2.1　调整农业产业结构

压缩水稻等高耗水作物的种植面积，种植向日葵等节水作物。

高耗水作物——水稻　　　　　　　　节水作物——向日葵

3.4.2.2　建设高标准农田

高标准农田建设

3.4.2.3 推广普及经济实用的节水灌溉技术

（1）渠道整治：改土渠为防渗渠输水灌溉，节水 20%，降低渠系输水损失，是节水灌溉的有效措施。

（a） （b）

（c） （d）

灌溉渠道整治效果

（2）低压管灌：利用低压管道（埋设地下或铺设地面）将灌溉水直接输送到田间，常用的输水管多为硬塑管或软塑管。该技术具有节地和节省能耗等优点。与土渠输水灌溉相比，管灌可省水 30%～50%。

管灌 低压管灌

（3）微灌：有微喷灌、滴灌、渗灌、微管灌等，是将灌水加压、过滤，经各级管道和灌水器具灌水于作物根系附近。微灌属于局部灌既，只湿润部分土壤，对部分密播作物适宜。微灌与地面灌溉相比，可节水 80%～85%。

微灌与施肥结合，利用施肥器将可溶性的肥料随水施入作物根区，及时补充作物所需要的水分和养分，增产效果好。微灌应用于大棚栽培和高产高效经济作物上。

（a） （b）

节水灌溉（微灌）

（4）喷灌：是将灌溉水加压，通过管道，由喷头将水喷到灌溉土地上。喷灌是目前大田作物较理想的灌溉方式，与地面输水灌溉相比，喷灌能节水 50% ～ 60%，但喷灌所用管道压力高，设备投资较大，能耗较大，成本较高，宜在高效经济作物或经济条件好、生产水平较高的地区应用。

喷灌

（5）关键时期灌水：在水资源紧缺的条件下，应选择作物一生中对水最敏感、对产量影响最大的时期灌水，如禾本科作物拔节初期至抽穗期、灌浆期至乳熟期、大的花芽分化期至盛花期等。

知识拓展16：农业节水案例

桐仁桥水库位于长沙县北部高桥镇，建成于 1979 年，总控制集雨面积 15.5 km²，总库容 1 870 万 m³。水库的供水范围涉及 5 个乡镇内 16 个行政村、1 个省级农业科学城的 21.312 km² 农田，同时肩负 10 个乡镇约 16 万人的自来水水源供应，年供水量约 440 万 m³。

长沙县桐仁桥灌区以改革促节水，用实践探索了节水型社会建设的道路。通过两年的实施，在合理核定水权、科学调整水价的基础上，建立了灌区水权管理体制和水价形成机制，完善与县域经济发展相适应的农业供水、灌溉管理模式，加强了农民用水户协会的履职能力建设，解决了百姓喝水与作物用水矛盾，实行了灌区供水的自动计量，达到了节约用水和保护水生态的总体目标，获得农民减负增收、农村社会治理加强和生态环境得到保护的改革成效。

桐仁桥水库

1. 桐仁桥灌区节水基础设施建设主要措施

（1）渠系改造；

（2）推广应用以管道灌溉为主的高效节水灌溉工程，推行农艺等非工程措施节水；

（3）创新研发灌区智能远程自控系统，实现灌区供水自动计量。

2. 与种植结构调整、农艺节水措施相结合

如改善灌溉制度、深耕蓄水保墒、地面覆盖技术、增施有机肥、调整作物的布局结构等，才能最大限度地发挥高效节水技术的节水效果。

桐仁桥灌区在水稻灌溉种植过程中采用了高产节水的"薄、浅、湿、晒"的灌水经验，制定出符合本地实际的灌溉制度，不但能使亩均节水量达 80 m³ 左右，同时对提高水稻产量起到了重要作用。

3. 灌区运行管理措施

灌区运行维护实行三级负责制，桐仁桥灌区主干渠由桐仁桥水库管理所管理，支渠、小水闸、机台等由镇水务管理站进行管理，斗渠及以下排灌设施由农民用水户协会（或村组）进行管理。

4. 灌区农业水价综合改革措施

通过实施水价改革和水权交易，节约了农业灌溉用水量，进一步保障了农村饮用水的有效安全供给。

3.4.3　公共机构节水

公共机构指的是全部或者部分使用财政性资金的国家机关、事业单位和团体组织，比如各级政府机关、事业单位、医院、学校、文化体育科技类场馆等，见表3-18。

表3-18　公共机构组成

分类	子类	内容
国家机关	国家权力机关	中央和地方各级人民代表大会常务委员会和各专门委员会及其办事机构
	国家行政机关	国务院及其所属各部、委直属机构和办事机构；派驻国外的大使馆、代办处、领事馆和其他办事机构；地方各级人民政府及其所属的各工作部门；地方各级人民政府的派出机构，如专员公署、区公所、街道办事处、驻外地办事处；其他国家行政机关，如海关、商品检验局、劳改局（处）、公安消防队、看守所、监狱、基层税务所、市场管理所等
	国家审判机关	最高人民法院、地方各级人民法院、专门人民法院和派出的人民法庭
	国家检察机关	最高人民检察院、地方各级人民检察院、专门人民检察院和派出机关
	国家军事机关	中央军委是最高军事领导机关，下辖联合参谋部、政治工作部、后勤保障部、装备发展部、训练管理部、国防动员部、军纪委、政法委、科技委、军委办公厅等
	国家金融机关	中国人民银行
事业单位	教育事业单位	高等教育事业单位、中等教育事业单位、基础教育事业单位、成人教育事业单位、特殊教育事业单位、其他教育事业单位
	科技事业单位	自然科学研究事业单位、社会科学研究事业单位、综合科学研究事业单位、其他科技事业单位
	文化事业单位	演出事业单位、艺术创作事业单位、图书文献事业单位、文物事业单位、群众文化事业单位、广播电视事业单位、报刊杂志事业单位、编辑事业单位、新闻出版事业单位、其他文化事业单位
	卫生事业单位	医疗事业单位、卫生防疫检疫事业单位、血液事业单位、卫生检验事业单位、其他卫生事业单位
	社会福利事业单位	托养福利事业单位、康复事业单位、殡葬事业单位、其他社会福利事业单位
	体育事业单位	体育竞技事业单位、体育设施事业单位、其他体育事业单位
	交通事业单位	公路维护监理事业单位、公路运输管理事业单位、交通规费征收事业单位、航务事业单位、其他交通事业单位
	城市公用事业单位	园林绿化事业单位、城市环卫事业单位、市政维护管理事业单位、房地产服务事业单位、市政设施维护管理事业单位、其他城市公用事业单位

续表

事业单位	农林牧渔水事业单位	技术推广事业单位、良种培育事业单位、综合服务事业单位、动植物防疫检疫事业单位、水文事业单位、其他农林牧渔水事业单位
	信息咨询事业单位	信息中心、咨询服务中心、计算机应用中心、价格信息事务所、农村社会经济调查队、企业经济调查队、城市社会经济调查队
	中介服务事业单位	技术咨询事业单位、职业介绍（人才交流）事业单位、法律服务事业单位、经济监督服务事业单位、其他中介服务事业单位
	勘察设计事业单位	勘察事业单位、设计事业单位、勘探事业单位、其他勘察设计事业单位
	地震测防事业单位	地震测防管理事业单位、地震预报事业单位、其他地震测防事业单位
	海洋事业单位	海洋管理事业单位、海洋保护事业单位、其他海洋事业单位
	环境保护事业单位	环境标准事业单位、环境监测事业单位、其他环境保护事业单位
	检验检测事业单位	标准计量事业单位、技术监督事业单位、质量检测事业单位、出入境检验检疫事业单位、其他检验检测事业单位
	知识产权事业单位	专利事业单位、商标事业单位、版权事业单位、其他知识产权事业单位
团体组织		全部或部分使用财政性资金的工、青、妇等社会团体和有关组织

3.4.3.1 学校节水

1. 学校节水情况

随着教学事业的发展，各级各类学校的用水量也普遍增加，已经成为社会用水的重要部门。学校是社会中的用水大户，湖南省目前在校大学生已超过了 118 万人，学校用水类型复杂，既有生活用水（如饮用、盥洗、食宿），也有美化环境用水（如绿地灌溉、道路冲洗），还有教学设施用水，加上用水主体是尚处于被教育阶段的广大学生，因此用水和节水管理难度较大。

校园节水是全社会节水的重要组成部分，不仅能够提高学校的用水效率，降低办学成本，提高学校办学效益，更重要的是能够培养学生的节水意识、节约用水的文明消费方式，形成惜水、节水的风尚，为全社会做出表率。**学校可分为幼儿园、小学、中学等多个阶段，在不同的阶段，节水教育的目标层次也不一样。**

（1）幼儿园阶段。知道节约水、电、粮食；认识节约的图片、宣传画和动漫作品；知道节约是好习惯，初步形成节约意识。

（2）小学阶段。初步了解节约的理论知识，认识身边的节水节能标识；

初步掌握一定的节约技术和技能；学习利用废旧物品制作手工艺品；能够有意识地进行垃圾分类等，形成节约的意识和习惯，树立正确的节约观念和节约习惯。

"一水多用"宣传图

（3）中学阶段。较深入地了解节约的理论知识和相关法规；初步掌握节约的技术和技能；能够识别、选择、主动使用节约型设施，如节能灯、节水龙头；初步理解循环经济概念，关注人类生存环境的变化，建立一定的忧患意识，培养保护环境的责任感和使命感。

2. 学校节水措施

（1）**节水器具推广：更换老旧的用水器具，采用新型节水器具。**

①节水型水龙头。主要用于餐厅、宿舍、卫生间等，如非接触自动控制式、延时自闭、停水自闭、脚踏式、陶瓷磨片密封式等节水型水龙头。

②节水型便器系统。主要在宿舍和教室的卫生间使用，如使用两档式便器、小于 6 L 的便器、其他智能化便器系统等。

纳米免冲水小便器

（该技术具有无水操作、无异味、无结碱、杀菌性强等特点，克服了国外无水油封技术的高耗材、易堵塞等弊端）

③节水型淋浴设施。主要在学校浴室使用，如集中浴室普及使用更高效的冷热水混合淋浴装置，推广使用卡式智能、非接触自动控制、延时自闭、

脚踏式等淋浴装置。

④绿化节水设施。校园里一般都有比较大的绿地，浇洒绿化用水量较大，应该优先使用雨水、河道水、再生水等水源，如采用自来水时应该采用喷灌、微灌、滴灌等节水灌溉技术，灌溉设备可选用地埋升降式喷管设备、滴灌管、微喷头、滴灌带等。

（2）用水计量：增设各环节用水计量设施，实行分区分级计量，定期进行水平衡测试。

用水计量设施

（3）管网改造：对老旧管网进行改造，降低管道漏损率。

（4）非常规水资源利用：进行雨水收集及污水回收利用，降低新鲜水的消耗量。

雨水回收利用系列技术应用

（5）节水宣传：加强节水宣传，形成节水意识，培养节水习惯。

宣传节约用水

知识拓展17：高校校园节水案例

湖南农业大学：办学规模扩大了，用水量却下降了

位于长沙东郊的湖南农业大学占地 $2.27 \ km^2$，在校学生 5 万余人，校园常住和流动人口 6 万余人。该校除正常办学外，还承担着医院、农贸市场、拆迁安置门面管理等公共服务职能，是个地方虽小、五脏俱全的"小社会"。因此，节水对于湖南农业大学意义重大。

一、"第三只眼"全天候监控，让漏水无处遁形

该校投入 970 万元，在 2009 年引进水电远程监控平台，2012 年全面完成水表计量和管线改造，实现了对全校公共区域水电用户 24 小时用能的实时、远程监测，能通过短信提示用户每月水电使用情况。

根据水电监控平台实时数据，学校还能及时统计分析，查找不合理使用和水电流失情况，提出整改意见，实行"节约留用，超支自付"的原则，达到节水、节能目标。

水电远程节能监控平台

二、"监控平台＋地下管网检测"的王牌组合，节水效果双重保障

该校投入 96 万元加强地下管网的检测工作，引进专业公司绘制地下管网分布图，根据地下管网图，坚持常态化的漏水检测及抢修工作，成效显著，用水量逐年下降。

地下管网检测

三、高效利用水资源，在部分学生宿舍安装中水回用装置

各层盥洗间洗漱废水经水池粗滤器→原废水管道→室外沉淀水箱→室外储存水箱→水泵→顶层储存水箱→管道，输送到各层，供冲厕使用，最终完成"集中收集、集中使用"。

四、建设生态校园，小湿地大作用

生态校园

五、高效节水，节水设施不能少

校园内广泛配置节水设施，采用多种节水器具进行节水控制。

节水器具

六、"节水意识和习惯"是软件，"硬件＋软件"相结合，节水成效更显著

该校利用校园文化艺术活动、专题讲座、宣传横幅等方式，多渠道、多形式开展宣传教育，动员广大师生员工积极参与到节水的活动中来；在教学、科研、办公场所张贴节水海报，营造氛围。

校园节水宣传

3.4.3.2 机关节水

机关单位分布广泛、数量众多，大多是允许公众进出的场所，也是政府的门面。机关是政府的代言人，机关节水先行，可为其他行业节水作表率。机关带头节水，也是节水型社会创建的重要内容。机关单位的用水主要为办公楼卫生间用水、洗车用水、食堂操作间用水、茶水间用水、浴室用水、空调用水、绿化用水等。

2010年国家机关事务管理局先后印发了《关于开展节水型单位创建工作的通知》和《关于进一步加强中央国家机关节约用水工作的通知》，提出中央国家机关各部门要扎实推进节水型单位创建工作，到2013年全部建成节水型单位。为贯彻落实《国务院关于实行最严格水资源管理制度的意见》，国家机关事务管理局2013年5月印发了《关于加强公共机构节水工作的通知》，把建设节水型单位作为公共机构节水工作的重要内容。近年来，由于全面推进中央国家机关节约用水工作，中央国家机关本级用水总量从2010年的332万t下降到2013年的277万t，降幅达16.6%，人均用水量从26.82t下降到23.15t，降幅达13.68%。

为深入贯彻落实节水优先方针，水利部在2019年全国水利工作会议上作出"打好节约用水攻坚战"的重要部署，要求利用两年时间，全国各级水利机关全面建成节水型机关。湖南省水利厅于2019年12月通过了水利行业节水机关建设验收。

水利厅雨水收集系统

水利厅空调冷凝水改造

水利厅中水回用系统

水利厅节水展览馆

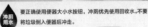

节水规范

知识拓展18：城市服务业范围

　　城市服务业主要包括医院、宾馆、学校、超市商场、体育馆、公园、商贸流通、娱乐餐馆等休闲设施、商务楼宇、建筑施工（房地产）。

3.5　共同建设节水型社会

3.5.1　节水型社会及评价标准

　　节水型社会建设是资源节约型和环境友好型社会建设的重要内容，是"节

节约用水 教育知识读物

水体系完整、制度完善、设施完备、节水自律、监管有效、水资源高效利用，产业结构和水资源条件基本适应，经济社会发展与水资源相协调的社会"。节水型社会建设应构建四大支撑体系：与水资源优化配置相适应的**节水防污工程与技术体系**；与水资源和水环境承载力相协调的**经济结构体系**；以水权管理为核心的**水资源与水环境管理体系**；与水资源价值相匹配的**社会意识和文化体系**。

节水型社会宣传图

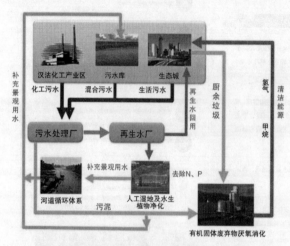

水资源循环利用模式

评价区域节水型社会创建效果需要一套科学、全面、合理的评价体系，水利部于 2005 年组织编制了《节水型社会建设评价指标体系（试行）》，评价指标主要分为综合性指标、节水管理、生活用水、生产用水、生态指标五个大类，共计 32 个分项指标，详见表 3-19。

表3-19 节水型社会建设评价指标体系

类别	序号	指标	含义
综合性指标	1	人均GDP增长率	地区评价期内人均GDP年平均增长率
	2	人均综合用水量	地区取水资源量的人口平均值
	3	万元GDP取水量及下降率	万元GDP取水量为地区每产生一万元国内生产总值的取水量；万元GDP取水量下降率为地区评价期内万元GDP用水量年平均下降率
	4	三产用水比例	第一、第二、第三产业用水比例
	5	计划用水率	评价年列入计划的实际取水量占总取水量的百分比
	6	自备水源供水计量率	所有企事业单位自建供水设施计量供水量占自备水源总供水量百分比
	7	其他水源替代水资源利用比例	海水、苦咸水、雨水、再生水等其他水源利用量折算成的替代常规水资源量占水资源总取用量的百分比

类别	序号	指标	含义
节水管理	8	管理体制与管理机构	涉水事物一体化管理;县级及县级以上政府都有节水管理机构,县以下政府有专人负责,企业、单位有专人管理,建立农民用水者协会
	9	制度法规	用水权分配、转让和管理制度,取水许可制度和水资源有偿使用制度,水资源论证制度,排污许可和污染者付费制度,节水产品认证和市场准入制度,用水计量与统计制度等,具有系统性的水资源管理法规、规章,特别是计划用水、节约用水的法规与规章
	10	节水型社会建设规划	县级及县级以上政府制订节水型社会建设规划
	11	用水总量控制与定额管理两套指标体系的建立与实施	具有取用水总量控制指标;具有科学适用的用水定额;两套指标的贯彻落实情况
	12	促进节水防污的水价机制	建立充分体现水资源紧缺、水污染严重状况,促进节水防污的水价机制
	13	节水投入保障	政府要保障节水型社会建设的稳定投入;拓宽融资渠道,积极鼓励民间资本投入
	14	节水宣传	将水资源节约保护纳入教育培训体系,利用多种形式开展宣传;节水意识深入人心,全社会形成节水光荣的风尚;加强舆论监督,建立健全举报机制
生活用水	15	城镇居民人均生活用水量	评价年地区城镇居民生活用水量的城镇人口平均值
	16	节水器具普及率(含公共生活用水)	第三产业和居民生活用水使用节水器具数与总用水器具之比
	17	居民生活用水户装表率	居民家庭自来水装表户占总用水户的百分比
生产用水	18	灌溉水利用系数	作物生长实际需要水量占灌溉水量的比例
	19	节水灌溉工程面积率	节水灌溉工程面积占有效灌溉面积的百分比
	20	农田灌溉亩均用水量	农业实际灌溉面积上的亩均用水量
	21	主要农作物用水定额	地区(平水年)每种主要农作物实际灌溉亩均用水量
	22	万元工业增加值取水量	地区评价年工业每产生一万元增加值的取水量
	23	工业用水重复利用率	工业用水重复利用量占工业总用水的百分比
	24	主要工业行业产品用水定额	地区主要工业行业产品实际用水定额
	25	自来水厂供水损失率	自来水厂产水总量与收费水量之差占产水总量的百分比
	26	第三产业万元增加值取水量	地区评价年第三产业每产生一万元增加值的取水量
	27	污水处理回用率	污水处理后回用量占污水处理总量的百分比

续表

类别	序号	指标	含义
生态指标	28	工业废水达标排放率	达标排放的工业废水量占工业废水排放总量的百分比
	29	城市生活污水处理率	城市处理的生活污水量占城市生活污水总量的百分比
	30	地表水水功能区达标率	水功能区达标数占水功能区总数的百分比
	31	地下水超采程度（地下水超采区使用）	对地下水超采进行评价
	32	地下水水质Ⅲ类以上比例	地下水Ⅲ类以上（Ⅰ、Ⅱ、Ⅲ类）水面积占地下水评价面积的比例

3.5.2 我国节水型社会的提出

中国是一个人均水资源短缺、时空分布严重不均的国家。改革开放以来，经济社会快速发展，水资源短缺问题日益严重。至 20 世纪末，水资源已成为制约经济社会可持续发展和小康社会建设的瓶颈。节水型社会建设主要进程如下：

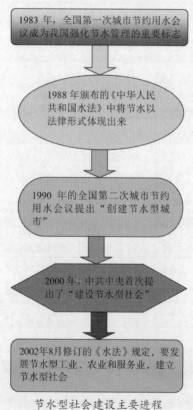

节水型社会建设主要进程

3.5.3 国内外节水情况

　　美国、英国、德国、日本等国家人均水资源比较丰富，但是他们都很重视节水，建设了节水社会文化，从意识形态上使节水走进每个人的心中。我国与发达国家水资源量对比及高效节水国家的节水举措见表3-20、表3-21。

表3-20　我国与发达国家水资源量对比

国家	多年平均水资源总量（亿m³）	人均水资源量（m³）
中国	28 000	2 100
美国	29 500	9 600
英国	1 950	2 700
德国	1 610	2 600
日本	5 470	4 400
以色列	20	370

表3-21　高效节水国家的举措

国家	节水措施	节水趣事
美国	制定一系列严格的节水法规和制度，推广普及节水灌溉技术，加强工业和生活节水技术研究，创建节水型社会文化	①走进美国浴池，你会看到这样的警示："如果不是特别脏的话，您能否用毛巾擦拭一下身体而不是拧开水龙头？"②美国人特别爱管"闲事"，如果有水管漏水，立刻会有人向有关部门打电话反映
英国	制定节水法规；大力推广节水器具的安装和更换；推动雨水收集系统和废水回用系统的安装和使用；加大节水宣传力度	使用音乐软件上的歌单来保持你的洗澡进度，缩短淋浴时间
德国	制定节水法律法规；设立专门网站介绍节水小窍门；调节水价，以高水费促节水；鼓励并帮助居民购买及安装雨水收集设备	在德国，学校里就开设有节水课程，课文常常用对比和数据来说明节水的重要性；每个德国小孩上学后，最先学到的就是"节约用水"
日本	严格控制管道漏水；农业灌溉用管道代替明渠；50%的农村修建了废水处理设施，净化后的污水用于农田；重视节水宣传	在许多用品上都有宣传的标志。例如，学生使用的铅笔、尺子上印有"节约用水"，家庭主妇厨房用的围裙上也带节水标记
以色列	全面普及了微灌、喷灌和滴灌技术，根据土壤含水量进行灌溉；研发节水设备；重视节水宣传	政府免费发放水龙头和计时器以促使公众节省洗澡时间；以色列政府在每户的供水装置上设有限时开关，每次用水限定在5 min以内，要再过半小时才可以恢复供水5 min

3.5.4 湖南省节水型社会建设实践

3.5.4.1 国家级节水型社会建设试点实践

建设节水型社会是解决我国水资源危机的战略性措施，没有现成经验可供借鉴，2002年以来，水利部先后确定了100个全国节水型社会建设试点，其中湖南省四个，分别为岳阳市（第二批）、长沙市（第三批）、湘潭市（第三批）和株洲市（第三批），建设试点基本情况见表3-22。

表3-22 全国节水型社会建设试点基本情况（湖南省试点）

序号	城市名称	建设时间	做法和经验	成效	示范性
1	岳阳市	2007～2010	全面推进农业节水；建设工业园区集约利用水资源；推进高耗水企业节水减排；发展污水再生利用	2010年与2005年相比：用水总量下降25.65%；万元GDP用水量下降73.4%；万元工业增加值用水量下降59.7%；农田灌溉利用系数提高了0.0267，达到了0.4223；工业水重复利用率提高到了80%；水功能区达标率提高到了96%	可供水资源较为丰富、用水方式较为粗放的南方地区借鉴
2	长沙市	2009～2011	大力推进水务体制改革；全面强化节水组织管理；建立健全节水责任考核制度	2011年与2008年相比：用水总量下降了4%；万元GDP用水量下降46.83%；万元工业增加值用水量下降46.81%；农田灌溉水利用系数提高了0.02，达到了0.47；工业水重复利用率提高到了61%	可供大中型城市推进工业化、城镇化进程中加强节水管理地区借鉴
3	株洲市	2009～2011	调整经济结构；积极实施工业节水改造；发挥示范作用；强化节水考核	2011年与2007年相比：用水总量下降了8.3%；万元GDP用水量下降57.8%；万元工业增加值用水量下降59.9%；农田灌溉水利系数提高了0.04，达到了0.49；工业水重复利用率提高到了87.1%	可供南方丰水地区、工业城市节水管理区借鉴
4	湘潭市	2009～2011	健全农民用水合作组织；加大宣传教育力度；示范带动全社会节水	2011年与2008年相比：用水总量下降了3.8%；万元GDP用水量下降56%；万元工业增加值用水量下降45%；农田灌溉水利系数提高了0.02，达到了0.5；水功能区达标率提高到了71%	可供各地建设节水型社会借鉴

知识拓展19：《国家节水行动湖南省实施方案》

一、目标

到2022年，万元国内生产总值用水量、万元工业增加值用水量较2015年分别降低32%和36%，农田灌溉水有效利用系数提高到0.55以上。全省用水量控制在352亿 m³ 以内。

到 2035 年，全省用水量控制在 360 亿 m³ 以内，水资源节约和循环利用水平显著提升。

二、重点行为

1. 总量强度双控

严格用水全过程管理。到 2022 年完成 37 个县区级行政区节水型社会达标建设。

2. 农业节水增效

到 2020 年较 2015 年新增高效节水灌溉面积 150 万亩（含管灌、喷灌、微灌）。到 2022 年创建 1 个节水型灌区和 1 个节水农业示范区，创建一批旱作农业灌区，建设一批畜牧节水示范工程。

3. 工业节水减排

大力推广高效冷却、循环用水等节水工艺和技术，支持企业开展节水技术改造，到 2022 年，在火力发电、钢铁、纺织、造纸、石化和化工、食品和发酵等高耗水行业，建成一批节水企业。积极推进水循环梯级利用，创建一批节水标杆企业和节水标杆园区。

4. 城镇节水降损

全面推进节水型城市建设，大幅降低供水管网漏损，严控高耗水服务业用水，深入开展公共领域节水。到 2022 年，省直机关及 50% 以上的省属事业单位建成节水型单位，建成一批具有典型示范意义的节水型高校。

5. 重点地区节水开源

6. 科技创新引领

3.5.4.2 县域节水型社会建设实践

近年来，湖南省深入贯彻落实习近平总书记"节水优先、空间均衡、系统治理、两手发力"的治水思路，以国家节水行动方案为统领，积极推进县域节水型社会达标建设工作，分批进行建设，目前已完成两个批次的县域节水型社会建设。**第一批**有湘潭县、渌口区、韶山市、苏仙区、涟源市；**第二批**有长沙县、天元县（今改为天元区）、湘乡市、武陵区、津市市；**第三批**有望城区、茶陵县、雨湖区、南岳区、衡东县、衡山县、岳阳县、湘阴县、永定区、嘉禾县、零陵区、中方县、双峰县、凤凰县、绥宁县等 15 个县（市、区）。

节约用水 教育知识读物

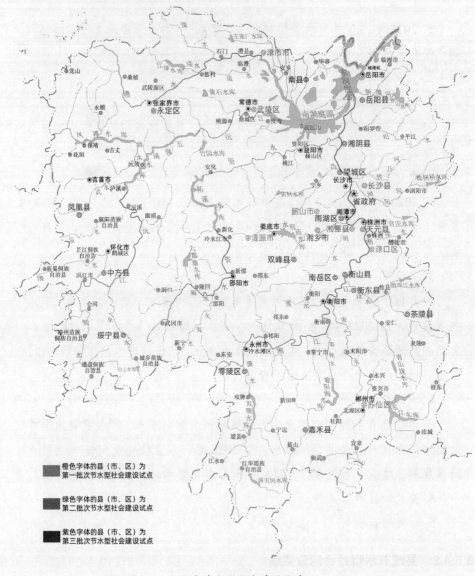

橙色字体的县（市、区）为
第一批次节水型社会建设试点

绿色字体的县（市、区）为
第二批次节水型社会建设试点

紫色字体的县（市、区）为
第三批次节水型社会建设试点

县域节水型社会建设分布

3.5.4.3　节水载体

节水载体包括节水型企业、节水型居民小区(或社区)、节水型公共机构等。节水载体建设是节水型社会建设的重要内容。经申报、专家评审，达到建设标准要求即可评定为节水载体。

湖南省水利厅通过节水机关的验收

知识拓展20：节水型载体有你的贡献吗？

截至 2020 年底，湖南省共有 385 家政府机关和事业单位建成节水型公共机构，其中包括省级节水载体 21 家，省水利厅及 138 个市、县水利局机关（含部分直属单位）建成节水型机关，节水型高校 20 所。

湖南省最新一批节水载体建设名单见表 3-23。

表3-23　湖南省第二批节水载体建设名单

序号	地级市	类型	名称	亮点
1		医院	中南大学湘雅第三医院	非常规水源利用；节水监控平台
2		高校	湖南农业大学	中水的回收利用，"上层收集，下层利用"的节水方案；水电监控平台
3		企业	长沙中联重科环境产业有限公司	
4	长沙市	农业	长沙县桐仁桥灌区	灌区智能远程自控系统平台；农业灌溉节余水权回购
5		农业	湖南省高速公路集团有限公司	绿化采用高效灌溉方式
6		高校	长沙学院	节水型校园节能管理平台建设
7		公共机构	枫树山小学	空调水循环利用
8		公共机构	株洲水文水资源勘测中心	
9	株洲市	公共机构	株洲市生物工程中等专业学校	
10		公共机构	渌口区第五中学	
11		公共机构	株洲盛康护理院	

续表

序号	地级市	类型	名称	亮点
12	株洲市	小区	同乐湖	雨水收集利用
13		企业	茶陵县强强陶瓷有限公司	污水处理回用
14	湘潭市	公共机构	湘潭县水利局	雨水回用、智能监控平台
15		企业	韶山宾馆	空调冷凝水回收利用
16		企业	湖南吉利汽车部件有限公司	
17		企业	燕京啤酒（湘潭）有限公司	
18		公共机构	湘潭县第十中学	修建生活污水处理环保工程，净化后的污水用作厕所冲洗和绿化用水
19		公共机构	湘乡市起凤中学	雨水收集利用
20	衡阳市	公共机构	横山县水利局	
21		公共机构	雁峰区六一中学	节水宣传效果明显，开展了以节水为主题的黑板报评比、向全校师生发放节水倡议书等活动
22		企业	衡山新金龙纸业有限公司	污水处理后回收利用
23	邵阳市	企业	邵阳市立得科技股份有限公司	
24	岳阳市	企业	中国石化集团巴陵石化公司	
25		企业	湖南科伦制药有限公司	
26		公共机构	岳阳雅礼实验学校	
27	常德市	公共机构	湖南幼儿师范高等专科学校	
28	益阳市	公共机构	资阳区迎丰水库管理处	
29	郴州市	农业	嘉禾县泮头灌区	灌区总干渠用水自动监控平台；推广高效节水灌溉
30	永州市	企业	光大环保能源（永州）有限公司	
31	娄底市	公共机构	娄底市机关事务管理局	绿化采用高效灌溉方式，建设雨水积蓄池

序号	地级市	类型	名称	亮点
32	娄底市	企业	湖南省湘军永丰辣酱有限公司	污水处理后用于绿化
33		企业	湖南威嘉生物科技有限公司	

测一测

一、火眼金睛判对错

1.《中华人民共和国水法》和《中华人民共和国水污染防治法》为节水工作的开展提供了基本依据。（　　　）

2. 对于城市公共供水取水的地表水和地下水，水资源费的征收标准是不同的。（　　　）

3.《中华人民共和国水法》明确规定，水资源属于国家所有。（　　　）

4. 国家对直接从江河、湖泊或地下取水的单位或个人，实行取水许可制度。（　　　）

5. 城市自来水厂供水量的大部分是居民生活用水。（　　　）

6. 节水器具就是指水龙头、便器、淋浴器。（　　　）

7. 按节水器具要求，坐便器全冲用水量最大不得超过 8 L/ 次。（　　　）

8. 淘米水可以用来洗菜、浇花，还可以用来洗碗。（　　　）

9. 用水杯盛水刷牙是良好的用水行为习惯。（　　　）

10. 洗菜水、洗澡水可以用来冲厕所。（　　　）

11. 用水龙头洗手时，要养成有意拧小水龙头的习惯。（　　　）

12. 我国已建成了节水型社会。（　　　）

13. 火力发电、钢铁、造纸、石油化工等行业属于高耗水行业，其取水量占工业取水量比重较大。（　　　）

14. "中水"原是指水质介于"上水"（自来水）和"下水"（污水）之间的水。（　　　）

15. 学校节水除硬件设施的改善与配套外，加强节水宣传、培养学生

节水习惯和意识尤为重要。（　　）

二、拨开迷雾寻真知

1.最严格的水资源管理"三条红线"是指（　　）。

A.水资源开发利用控制红线　　　　B.用水效率控制红线

C.水功能区限制纳污红线　　　　　D.用水总量控制红线

2.湖南省最严格水资源管理制度要求，至2030年，湖南省用水总量控制在（　　）以内。

A.350亿 m³　　　　B.360亿 m³　　　　C.370亿 m³

3.按新修订的湖南省地方标准《用水定额》（DB43/T 388—2020），初高中生每人每年在校的用水量最多不得超过（　　）。

A.18 m³　　　　B.26 m³　　　　C.15 m³

4.中华人民共和国《国家节水行动湖南实施方案》提出，至2022年全省用水总量控制在（　　）。

A.350亿 m³　　　　B.352亿 m³　　　　C.360亿 m³

5.居民在家用水量约占居民生活用水量的（　　）。

A.50%　　　　B.70%　　　　C.30%

6.小明下面的（　　）行为是值得鼓励的。

A.洗手水拖地、冲马桶

B.淘米水洗菜

C.喝剩下的"半瓶水"浇花

D.水龙头滴水及时关紧，关不紧告知相关管理人员处理

7.洗脸时，用"洗脸盆＋毛巾"的用水方式比用"长流水"的用水方式节水，按每人每天洗脸2次计算，一天可节约用水约（　　）。

A.27 L　　　　B.5 L　　　　C.1 L

8.《水效标识管理办法》规定，（　　）水效最高。

A.水效Ⅰ级　　　B.水效Ⅱ级　　　C.水效Ⅲ级

9.飞机、高铁上的马桶使用真空技术，冲洗一次用水量不到（　　）。

A.1 L　　　　B.2 L　　　　C.3 L

10."世界水日"为每年的（　　）。

A.3月22日　　　B.2月22日　　　C.3月23日

11. 为了使宣传活动更加突出"世界水日"的主题，我国把每年的3月22日至28日这一周定为（　　　）。

　　A. 中国水周　　　　　　　B. 世界水周　　　　　　　C. 中国水日

12. 以下为国家节水标志的是（　　　）。

　　A　　　　　　　　B　　　　　　　　C　　　　　　　　D

13. 全国节约用水办公室主要负责的工作不包含（　　　）。

　　A. 拟订节约用水政策

　　B. 组织编制并协调实施节约用水规划

　　C. 组织指导计划用水、节约用水等工作

　　D. 负责取水许可工作

14. 开展节水宣传的根本目的在于（　　　）。

　　A. 倡导节约、朴素的优良传统

　　B. 教育群众具体的节水方法

　　C. 提高全民的节水意识

15. 新媒体宣传的主要形式有（　　　）。

　　A. 微信公众号推文、抖音小视频、短视频大赛

　　B. 微信平台、文创产品

　　C. 水利网、水利报、水利杂志等

16. 在我国这样的人口大国，每个人节约用水意义重大，下面的节水办法中不可行的是（　　　）。

　　A. 脏衣服少时用手洗

　　B. 减少每个人每天的饮用水量

　　C. 提高水价的经济手段

17. 工业用水中，（　　　）量最大。

　　A. 冷却用水　　　　　　　B. 洗涤用水　　　　　　　C. 原料用水

18. 湖南省纳入水利部全国节水型社会建设试点的四个城市是（　　　）。

A. 长沙、株洲、湘潭、郴州

B. 长沙、常德、岳阳、湘潭

C. 长沙、株洲、湘潭、岳阳

19. （   ）等做法可以在农业灌溉中节约水的使用量。

A. 改土渠为防渗渠输水灌溉，防止渗漏

B. 喷灌

C. 滴灌

20. 收集的雨水和地面水流经净化后有（   ）等用途。

A. 园林绿化，浇花浇树　　　　B. 洒水车清洗地面

C. 冲厕所　　　　　　　　　　D. 消防用水

参考答案

一、火眼金睛判对错

1—5. √ √ √ √ ×　　6—10. × × √ √ √

11—15. √ × √ √ √

二、拨开迷雾寻真知

1—5. D B B B B　　6—10. ABCD A A A A

11—15. A B D C A　　16—20. B A C ABC ABCD

参考文献

[1]王国新.水资源学基础知识[M].2版.北京:中国水利水电出版社,2012.

[2]章雨伦.水的秘密[M].长沙:湖南科学技术出版社,2017.

[3]董文虎,刘冠美.水与水工程文化[M].北京:中国水利水电出版社,2015.

[4]湖南省水利厅.湖南省水资源公报[R].2019.

[5]郑通汉.中国合同节水管理[M].北京:中国水利水电出版社,2016.

[6]上海市节约用水办公室,华东师范大学环境教育中心.节水优先 水润万家——上海节水培训材料[M].北京:科学出版社,2018.

[7]吴季松.现代水资源管理概论[M].北京:中国水利水电出版社,2002.

[8]王汉祯.节水型社会建设概论[M].北京:中国水利水电出版社,2007.

[9]刘华平,张晓今,胡红亮.节水社会建设分区节水模式与评价标准研究[M].郑州:黄河水利出版社,2020.

[10]任树梅.水资源保护[M].北京:中国水利水电出版社,2003.

[11]湖南省水资源中心.节约用水法律文件汇编[G].2020.

[12]水利部水资源管理中心.全国节水型社会建设试点实践与经验[M].北京:中国水利水电出版社,2017.

[13]浙江省水利学会,浙江省节约用水办公室.科学节水小常识[M].北京:中国水利水电出版社,2007.

[14]刘红,何建平.城市节水[M].北京:中国建筑工业出版社,2009.

[15]刘华平.湖南节水型社会建设对策研究[J].湖南水利水电,2020(4):60-63.